Roula Ghazal

Systèmes de refroidissement dessiccatif couplés à un système solaire

Roula Ghazal

Systèmes de refroidissement dessiccatif couplés à un système solaire

Modèles de connaissance à paramètres identifiables expérimentalement

Presses Académiques Francophones

Impressum / Mentions légales
Bibliografische Information der Deutschen Nationalbibliothek: Die Deutsche Nationalbibliothek verzeichnet diese Publikation in der Deutschen Nationalbibliografie; detaillierte bibliografische Daten sind im Internet über http://dnb.d-nb.de abrufbar.
Alle in diesem Buch genannten Marken und Produktnamen unterliegen warenzeichen-, marken- oder patentrechtlichem Schutz bzw. sind Warenzeichen oder eingetragene Warenzeichen der jeweiligen Inhaber. Die Wiedergabe von Marken, Produktnamen, Gebrauchsnamen, Handelsnamen, Warenbezeichnungen u.s.w. in diesem Werk berechtigt auch ohne besondere Kennzeichnung nicht zu der Annahme, dass solche Namen im Sinne der Warenzeichen- und Markenschutzgesetzgebung als frei zu betrachten wären und daher von jedermann benutzt werden dürften.

Information bibliographique publiée par la Deutsche Nationalbibliothek: La Deutsche Nationalbibliothek inscrit cette publication à la Deutsche Nationalbibliografie; des données bibliographiques détaillées sont disponibles sur internet à l'adresse http://dnb.d-nb.de.
Toutes marques et noms de produits mentionnés dans ce livre demeurent sous la protection des marques, des marques déposées et des brevets, et sont des marques ou des marques déposées de leurs détenteurs respectifs. L'utilisation des marques, noms de produits, noms communs, noms commerciaux, descriptions de produits, etc, même sans qu'ils soient mentionnés de façon particulière dans ce livre ne signifie en aucune façon que ces noms peuvent être utilisés sans restriction à l'égard de la législation pour la protection des marques et des marques déposées et pourraient donc être utilisés par quiconque.

Coverbild / Photo de couverture: www.ingimage.com

Verlag / Editeur:
Presses Académiques Francophones
ist ein Imprint der / est une marque déposée de
OmniScriptum GmbH & Co. KG
Heinrich-Böcking-Str. 6-8, 66121 Saarbrücken, Deutschland / Allemagne
Email: info@presses-academiques.com

Herstellung: siehe letzte Seite /
Impression: voir la dernière page
ISBN: 978-3-8381-4664-5

Zugl. / Agréé par: Lyon, INSA de Lyon, 2013

Copyright / Droit d'auteur © 2014 OmniScriptum GmbH & Co. KG
Alle Rechte vorbehalten. / Tous droits réservés. Saarbrücken 2014

Table des matières

Table des matières ... 1

Liste des abréviations ... 4

    Nomenclature ... 4

    Notations grecques ... 5

    Indices ... 6

Liste des tableaux ... 8

Liste des figures ... 9

Introduction générale ... 11

Chapitre 1 :   Etat de l'art de la climatisation solaire par dessiccation et de la roue dessicante 13

    1.1   Introduction ... 14

    1.2   Climatisation par dessiccation ... 15

        1.2.1   Importance des techniques de refroidissement solaire ... 15

        1.2.2   Techniques de refroidissement solaire ... 16

        1.2.3   Adéquation climatique des systèmes de refroidissement solaire par dessiccation 20

    1.3   La roue dessicante ... 25

        1.3.1   Etat de l'art sur la modélisation de la roue dessicante ... 25

        1.3.2   Phénomène d'adsorption ... 27

        1.3.3   Classification des isothermes de sorption ... 29

    1.4   État de l'art de la modélisation pour le contrôle- commande des systèmes à dessiccation . 31

        1.4.1   Les principes des techniques du contrôle ... 32

        1.4.2   Étude bibliographique du contrôle des systèmes de refroidissement par dessiccation 37

        1.4.3   Modélisation de la roue dessicante dans le but de contrôle ... 42

1.5 Conclusions sur l'état de l'art et les objectifs de ce travail 43

Chapitre 2 :   Etude expérimentale 45

2.1 Description du dispositif expérimental 46

2.2 Système de refroidissement par dessiccation 47

2.3 Installation solaire 50

2.4 Métrologie 51

2.5 Protocole expérimental 56

    2.5.1 Partie régénération de la roue dessicante 57

    2.5.2 Partie dessiccation de la roue dessicante 60

2.6 Conclusion du chapitre 62

Chapitre 3 :   Modélisation de la roue dessicante 63

3.1 Principes de modélisation 64

    3.1.1 Modèles de type boîte noire 66

    3.1.2 Modèles de type boîte grise 67

3.2 Modèle de la roue dessicante 68

    3.2.1 Hypothèses 68

    3.2.2 Équations de bilan d'énergie et de masse de la roue dessicante 70

    3.2.3 Description du modèle dynamique 79

    3.2.4 Représentation dans l'espace d'état de la roue dessicante 81

    3.2.5 Représentation d'état de la roue dessicante en fonction du paramètre C_2 83

3.3 Conclusion du chapitre 87

Chapitre 4 :   Identification et validation des modèles 89

4.1 Indentification des paramètres 90

4.2 Choix de la méthode d'identification 91

    4.2.1 Modèles de type boîte noire 91

    4.2.2 Modèles de type boîte grise 91

4.3 Identification des paramètres de la roue dessicante 92

    4.3.1 Identification des paramètres des modèles de type boîte noire 92

    4.3.2 Identification les paramètres en utilisant le modèle de type boîte grise 95

4.4 Validation des paramètres de la roue dessicante par les deux méthodes 98

    4.4.1 Validation des paramètres du côté de dessiccation 99

    4.4.2 Validation des paramètres du côté de régénération 101

    4.4.3 Validation par le coefficient de détermination R^2 103

4.5 Détermination des coefficients de transfert par la méthode boîte grise 106

    4.5.1 Identification des paramètres des coefficients thermiques en utilisant la boîte grise 106

    4.5.2 Valeurs théoriques des coefficients de transfert thermique 108

    4.5.3 Validation des valeurs des coefficients thermique 110

4.6 Conclusion 111

Conclusion générale et perspectives 113

Références bibliographiques 117

Annexes 127

Liste des abréviations

Nomenclature

Symbole	Définition	Unité
a	hauteur de canal	[m]
b	largeur du canal	[m]
A	potentiel d'adsorption	[kJ·kmol^{-1}]
A_c	aire du passage de l'air dans le canal (prise perpendiculairement à l'axe de la roue)	[m^2]
A_d	aire de la section transversale de la couche de dessicant dans un canal	[m^2]
A_g	aire de la section transversale pour l'écoulement d'air	[m^2]
c	chaleur spécifique isobare	[J·kg^{-1}·K^{-1}]
d_t	épaisseur du revêtement dessicant	[m]
D_h	diamètre hydraulique d'un canal	[m]
h	coefficient de transfert thermique convectif	[W·m^{-2}·K^{-1}]
h_m	coefficient de transfert de masse	[kg·m^{-2}·s^{-1}]
κ	conductivité thermique	[W·m^{-1}·K^{-1}]
Le	nombre de Lewis	[-]
Nu	nombre de Nusselt	[-]
P_0	pression atmosphérique	[Pa]

Symbole	Définition	Unité
Q_{sor}	chaleur d'adsorption	[$kJ \cdot kg^{-1}$]
R	constante universelle des gaz parfaits	[$kJ \cdot kmol^{-1} \cdot K^{-1}$]
t	Temps	[s]
T	Température	[K]
U	vitesse de l'air dans le canal	[$m \cdot s^{-1}$]
L	profondeur du rotor	[m]
w	teneur en eau du matériau dessicant	[$kg \cdot kg^{-1}$]

Les symboles qui ne figurent pas dans cette liste sont décrits lors de leur utilisation.

Notations grecques

Symbole	Définition	Unité
φ	humidité relative	[%]
ρ	masse volumique	[$kg \cdot m^{-3}$]
ω	humidité absolue de l'air	[$kg \cdot kg^{-1}$]
ω_s	humidité absolue de l'air en équilibre avec le dessicant à saturation	[$kg \cdot kg^{-1}$]

Les symboles qui ne figurent pas dans cette liste sont décrits lors de leur utilisation.

Indices

Symbole	Définition
d	Dessicant
r	régénération
g	gaz (air)
i	Entrée
o	Sortie
s	Saturation
v	vapeur d'eau

Les symboles qui ne figurent pas dans cette liste sont décrits lors de leur utilisation.

Liste des tableaux

Tableau 1.1. Les composants du système mise en marche en fonction du mode de fonctionnement (Henning et al. 2001) 38

Tableau 2.1. Caractéristiques et données de la roue dessicante 52

Tableau 2.2. Entrées /sorties de l'automate programmable 55

Tableau 2.3. Protocole expérimental pour la variation de la commande de la batterie électrique (BAR) et de l'humidificateur (HUM2) 59

Tableau 2.4. Protocole expérimental pour la variation des conditions d'air d'entrée T_1, ω_1 61

Tableau 4.1. Valeurs des paramètres identifiés en utilisant le modèle de type boîte noire pour le modèle local (d_{13}^o, d_{23}^o) de la Figure 2.13 pour le côté dessiccation 94

Tableau 4.2. Valeurs des paramètres identifiés en utilisant le modèle de type boîte noire pour le modèle local (r_{12}^o, r_{22}^o) de la Figure 2.13 pour le côté régénération 94

Tableau 4.3. Valeurs des paramètres du modèle global, pour le domaine $(d_{12}^o : d_{23}^o)$, identifiés par l'approche boîte grise pour le côté dessiccation 98

Tableau 4.4. Valeurs des paramètres du modèle global, pour le domaine $(r_{11}^o : r_{23}^o)$, identifiés par l'approche boîte grise pour le côté régénération 98

Tableau 4.5. Valeurs des coefficients de déterminations 104

Tableau 4.6. Valeurs des coefficients de détermination pour les modèles locaux (d_{11}^o, d_{21}^o), (r_{11}^o, r_{21}^o) 105

Tableau 4.7. Coefficients de transfert et nombre de Nusselt côté dessiccation 107

Tableau 4.8. Coefficients de transfert et le nombre de Nusselt côté régénération 107

Tableau 4.9. Domaines de variations les coefficients de transfert et nombre de Nusselt 108

Tableau 4.10. Domaines des valeurs théoriques du nombre de Nusselt 110

Tableau 4.11. Domaines de variations les coefficients de transfert et nombre de Nusselt 111

Tableau 4.12. Erreur relative pour les coefficients de transfert et le nombre de Nusselt entre les valeurs identifiées et les valeurs théoriques 111

Liste des figures

Figure 1.1. Schéma du cycle de Pennington et évolution de l'air sur le diagramme psychométrique 17

Figure 1.2. Schéma du cycle en recirculation (J. J. Jurinak 1982) 18

Figure 1.3. Schéma du cycle de Dunkle (J. J. Jurinak 1982) 18

Figure 1.4. Schéma du cycle pour les climats très chauds et très humides (Henning 2003) 19

Figure 1.5. Classification des isothermes par le Syndicat International de Chimie Pure (Sing et al. 1985) 30

Figure 1.6. Régulation en boucle ouverte 32

Figure 1.7. Régulation en boucle fermée 33

Figure 1.8. Equivalence entre la Commande à Modèle de Comportement et la commande à rétroaction (Bequette 2003) 35

Figure 1.9. Modèles des processus utilisés habituellement pour le contrôle (Brosilow et Joseph 2002) 37

Figure 2.1. Centrale de traitement d'air par dessiccation (CAD) 46

Figure 2.2. Vue générale de la centrale de prétraitement d'air (CTA) 46

Figure 2.3. Schéma général de l'installation expérimentale 47

Figure 2.4. Roue dessicante : a) vue d'ensemble ; b) détail de la coupe latérale de la roue avec les canaux 48

Figure 2.5. Echangeur rotatif non hygroscopique : a) vue frontale ; b) vue latérale 49

Figure 2.6. Humidificateur à rotation 49

Figure 2.7. Ventilateur à haute performance 49

Figure 2.8. Batterie d'Appoint de Régénération électrique (BAR) 50

Figure 2.9. a) Capteurs sous vide à caloduc ; b) Ballon de stockage avec l'isolation et l'échangeur 51

Figure 2.10. Schéma général de commande et de contrôle du système expérimental (CTA et CAD) 53

Figure 2.11. Centrale d'acquisition 53

Figure 2.12. Interface de contrôle et d'acquisition de la centrale à dessiccation 54

Figure 2.13. Protocole expérimental : a) domaines d'entrée b) domaines de sortie 57

Figure 2.14. Schéma général des commandes constantes et variables de la CAD 58

Figure 2.15. Variation temporelle de la température et de l'humidité absolue de l'entrée et de la sortie de la roue, côté régénération 59

Figure 2.16. Schéma général de variation de la température et de l'humidité d'entrée (point 1) 60

Figure 2.17. Variation temporelle de la température et de l'humidité absolue de l'entrée et de la sortie de la roue côté dessiccation 62

Figure 3.1. Roue dessicante : a) représentation simplifiée d'une roue ; b) détail de la vue latérale de la roue avec les canaux 69

Figure 3.2. Vue d'un canal : a) latérale et b) en coupe 71

Figure 4.1. Comparaison entre les résultats expérimentaux et les prédictions du modèle pour le domaine (d_{13}^o, d_{23}^o) du côté dessiccation: a) boîte noire b) boîte grise 100

Figure 4.2. Comparaison entre les résultats expérimentaux et les prédictions du modèle pour le domaine (r_{12}^o, r_{22}^o) du côté de la régénération : a) boîte noire ; b) boîte grise 102

Introduction générale

Le développement des systèmes de climatisation est un véritable défi technologique avec des implications sur la consommation énergétique et la pollution environnementale. La solution la plus répandue dans le domaine du refroidissement de l'habitat est basée sur la compression mécanique des vapeurs de fluides frigorigènes. Même si ce type de système montre un niveau de performance relativement élevé par rapport aux autres solutions comme les machines frigorifiques à absorption, il présente néanmoins deux inconvénients majeurs. D'une part, la consommation électrique du compresseur mécanique est non négligeable, surtout dans les périodes de pic de consommation en été. D'autre part, les frigorigènes ont un impact négatif sur l'atmosphère et contribuent au réchauffement climatique.

Plusieurs solutions de refroidissement ont recours à l'énergie solaire, une source renouvelable qui a l'avantage d'être disponible en même temps que la demande de refroidissement. Des techniques de refroidissement par absorption, par adsorption ou par dessiccation sont des solutions qui méritent d'être considérées notamment pour des climats chauds et pour les pays ensoleillés.

La Syrie est située sur une ceinture solaire abondante de la Terre, avec un rayonnement solaire moyen atteignant 1800 kWh/m² par an. L'énergie solaire reçue annuellement s'élève à 3×10^8 GWh pour la totalité du pays. En 2010, la demande d'énergie électrique en Syrie était $4,44 \times 10^4$ GWh par an ce qui relève l'importance de l'énergie solaire, même si l'exploitation du rayonnement solaire total avait été très faible (Ghaddar et al. 2005; Qurdab 1991). En France, les régions du sud profitent également d'un niveau d'ensoleillement important qui pourrait réduire la consommation d'électricité des climatiseurs.

Les systèmes de refroidissement par dessiccation ont généralement une conception qui est relativement simple, avec une consommation modérée en énergie électrique s'ils sont reliés à une source d'énergie gratuite et renouvelable comme le rayonnement solaire.

Des efforts ont été faits dans la recherche et le développement de cette technologie, principalement concentrés sur l'étude de la roue dessicante, qui est l'élément clé dans le système de refroidissement par dessiccation. Ces études sont basées sur des méthodes d'analyse telles que la «méthode par analogie » (J. J. Jurinak et Banks 1982; Handbook 1997) et la « méthode des différences finies » (J. J. Jurinak et Banks 1982; Handbook 1997). Les modèles obtenus par ces méthodes ne sont pas directement prêts à être utilisés pour la synthèse des algorithmes de contrôle-commande du système. Une représentation d'état ou sous la forme de fonction de transfert est nécessaire pour le contrôle-commande.

Dans ce travail, nous tentons de combler ce manque en développant un modèle dynamique, en représentation d'état, de la roue dessicante qui peut être utilisé dans des études de contrôle avancés d'une installation de refroidissement par dessiccation. Ce modèle est mis sous une forme qui permet l'identification expérimentale de ses paramètres. Les paramètres sont identifiés en utilisant un modèle de type boîte noire et un modèle de type boîte grise.

Nous commençons par une synthèse de l'état de l'art des techniques de rafraîchissement solaire. On détaille plus particulièrement les systèmes solaires qui utilisent l'humidification et la dessiccation en présentant les phénomènes de transfert de chaleur et de masse mis en jeu et les différentes solutions existantes. Puis, nous présentons l'installation expérimentale de refroidissement par dessiccation de l'Université de La Rochelle (laboratoire LaSIE) et le protocole expérimental utilisé avec ce dispositif expérimental. Ensuite, nous présentons le modèle de connaissance à paramètres identifiables de la roue dessicante obtenu à partir des équations du bilan de chaleur et de la masse. Enfin, on présente l'identification expérimentale des paramètres et la vérification des modèles qui sont effectuées avec des outils numériques intégrés à l'environnement MATLAB.

Chapitre 1 : Etat de l'art de la climatisation solaire par dessiccation et de la roue dessicante

---

Dans ce chapitre, nous mettons en évidence l'avantage d'utiliser des systèmes de refroidissement solaire par dessiccation qui sont écologiques et économes en énergie. Dans un premier temps, on montre les différents types de systèmes à dessiccation. On présente ensuite l'élément clé de ces systèmes, qui est la roue dessicante, avec les matériaux utilisés dans les roues. Enfin on décrit l'état de l'art des systèmes de contrôle- commande des systèmes dessicants.

1.1 Introduction

Les systèmes traditionnels de climatisation par compression consomment de l'énergie électrique de manière significative. Malgré leurs bonnes efficacités en comparaison avec autres solutions, ils présentent deux inconvénients majeurs : d'une part, la consommation électrique élevée du compresseur mécanique dans les périodes de pointe, ce qui nécessite le surdimensionnement des réseaux électriques et des centrales thermoélectriques d'appoint, et, d'autre part, l'impact des gaz frigorigènes sur l'atmosphère.

Plusieurs solutions de refroidissement utilisent l'énergie solaire, une source renouvelable qui présente l'avantage d'être disponible quand la demande est la plus forte. Les techniques les plus connues sont le refroidissement par absorption, par adsorption et par dessiccation (Pons et Kodama 2000).

Les systèmes de refroidissement par dessiccation utilisent le séchage et l'humidification de l'air. Leur performance est affectée par les conditions climatiques externes, qui ont un rôle plus important que dans le cas des systèmes à compression. La faisabilité de cette technique dans des différents climats a été prouvée par une étude bibliographique (Daou et al. 2006). Les températures élevées et le rayonnement solaire en été, qui sont en phase avec une augmentation de la charge de refroidissement, donnent la possibilité d'utiliser l'énergie solaire pour la dessiccation.

Les systèmes de refroidissement par dessiccation sont une alternative intéressante aux systèmes traditionnels de climatisation. Cependant, ils présentent certains inconvénients (Casas et Schmitz 2005) :

- coûts d'investissement élevés ;

- grande taille du système ;

- maîtrise difficile des paramètres ;

- outils de modélisation moins développés, qui affecte la qualité de la simulation, le dimensionnement et le contrôle de ces systèmes.

Trois parties principales constituent ce chapitre. Tout d'abord, on présente l'état de l'art des technologies de refroidissement solaire. Ensuite, on montre la partie la plus importante du système de refroidissement par dessiccation, la roue dessicante. Pour cet élément, un état de l'art de la modélisation et le principe de fonctionnement de la roue sont présentés. Et, enfin, on présente les stratégies de contrôle-commande utilisées dans les centrales de traitement d'air par dessiccation.

1.2 Climatisation par dessiccation

1.2.1 Importance des techniques de refroidissement solaire

L'augmentation de la consommation mondiale d'énergie et l'augmentation de la pollution de l'environnement due à l'utilisation de fluides de refroidissement nuisibles contribuent de manière significative à la destruction de la couche d'ozone et au réchauffement climatique. Ces raisons ont incité les chercheurs à trouver des solutions alternatives telles que les systèmes de refroidissement par dessiccation pour réduire la facture énergétique et protéger l'environnement. Les avantages les plus importants de ces systèmes sont (Daou et al. 2006) :

- l'utilisation de l'eau comme fluide de refroidissement, qui ne contribue pas à la destruction de la couche d'ozone ;

- l'utilisation pour la régénération des sources d'énergie renouvelable, comme l'énergie solaire, ou d'autres sources de chaleur, comme le gaz naturel, ce qui permet la réduction de la consommation d'énergie électrique ;

- le coefficient de performance est bon si la source d'énergie utilisée pour le séchage de l'air est gratuite ou à très faible prix, comme c'est le cas de l'énergie solaire ;

- ces systèmes travaillent à des pressions proches de la pression atmosphérique, ce qui facilite le montage et l'entretien ;

- ces systèmes donnent de l'air frais en utilisant des humidificateurs, ce qui contribue au dépoussiérage de l'air.

1.2.2 Techniques de refroidissement solaire

Cycle de Pennington

Le cycle de Pennington, introduit en 1955, est un cycle en « tout air neuf ». Les principaux composants d'un système basé sur ce cycle sont représentés sur la Figure 1.1 : l'échangeur de masse et de chaleur par absorption (habituellement une roue dessicante), l'échangeur de chaleur sensible (habituellement une roue sensible), les humidificateurs, avec la source de chaleur pour régénérer la roue dessicante. Le principe de fonctionnement d'un cycle de Pennington ou cycle de ventilation est montré dans la Figure 1.1 (Charoensupaya et Worek 1988; Van Zyl et al. 2003).

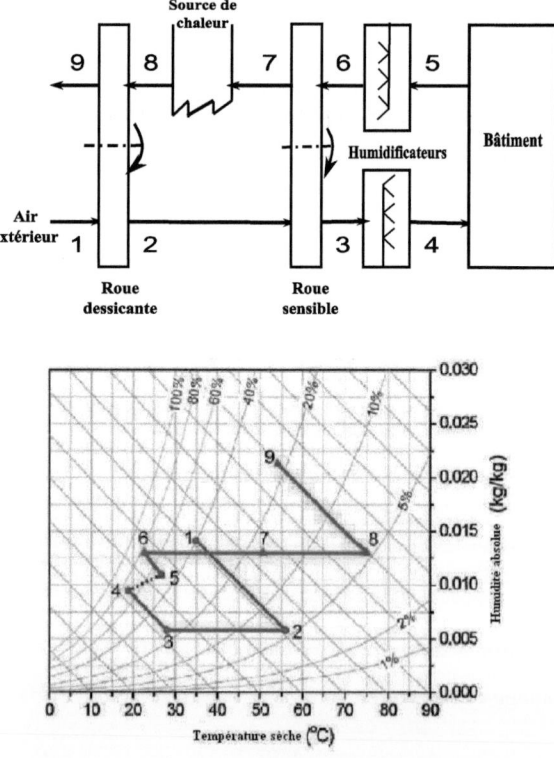

Figure 1.1. Schéma du cycle de Pennington et évolution de l'air sur le diagramme psychométrique

(Van Zyl et al. 2003)

L'air neuf (1) est desséché dans la roue dessicante ; sa température augmente grâce à la chaleur d'adsorption (2). Puis il est rafraichi dans l'échangeur sensible (3). Ensuite il est humidifié et refroidi dans l'humidificateur (4) et enfin il est introduit dans le local. Quant à l'air de retour (5), il est refroidi par humidification (6) pour passer dans l'échangeur sensible (7) qui refroidit l'air d'entrée (3). Cet air est ensuite réchauffé à travers une batterie chaude (8) alimentée par la source de chaleur afin de régénérer la roue (9) en permettant la désorption d'eau.

Le cycle de Pennington est le plus utilisé dans les climats tempérés. C'est le cycle qui sera étudié dans la suite de nos travaux.

Il existe différentes configurations de cycles de refroidissement solaire développées en fonction des conditions climatiques et de charges spécifiques des bâtiments. Nous passons en revue certains de ces cycles.

Cycle en recirculation

La configuration en recirculation est adaptée pour des climats humides et des bâtiments à charge latente élevée produite soit par infiltration soit par une forte occupation. La Figure 1.2 montre le fonctionnement de ce cycle (J. J. Jurinak 1982; J. Jurinak et al. 1984).

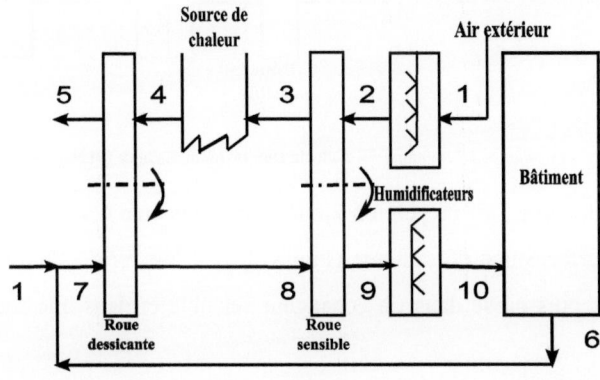

Figure 1.2. Schéma du cycle en recirculation (J. J. Jurinak 1982)

Le cycle de recirculation utilise le mélange entre l'air extrait du bâtiment (6) et l'air neuf (1) dans le circuit de dessiccation (Figure 1.2). Cet air de mélange passe dans la roue dessicante et, ensuite, dans l'échangeur sensible pour être refroidi par l'air extérieur qui est humidifié jusqu'à la saturation. Après le refroidissement dans la roue sensible, l'air est refroidi par humidification adiabatique et introduit dans le local.

Cycle de Dunkle

Comme le cycle précédent, ce cycle fonctionne en air recyclé. Le cycle de Dunkle est plutôt adapté aux climats humides et aux bâtiments avec une charge sensible très élevée par rapport à leur charge latente, d'où la possibilité d'humidification dans la gaine d'introduction (Dunkle 1965; J. J. Jurinak 1982; Collier Jr 1997).

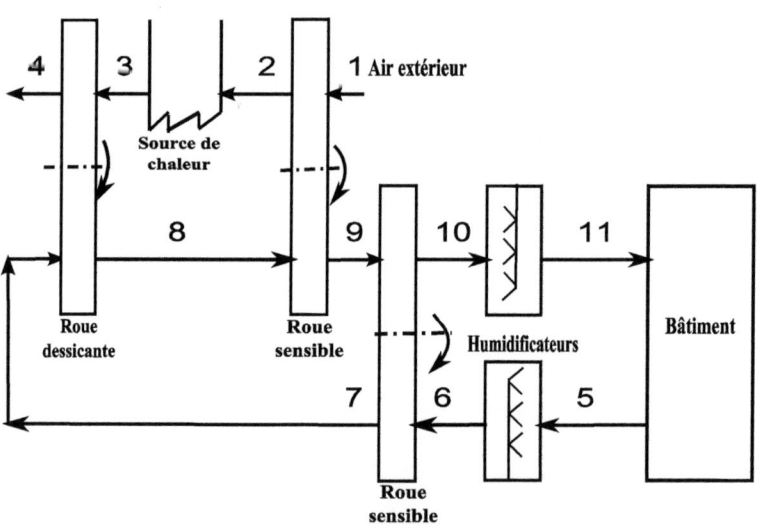

Figure 1.3. Schéma du cycle de Dunkle (J. J. Jurinak 1982)

Ce cycle fonctionne en air recyclé en ajoutant un troisième échangeur sensible pour améliorer la performance du système (Figure 1.3). L'air repris s'humidifie dans un premier temps, puis passe dans un échangeur sensible et dans une roue dessicante, repasse dans un échangeur sensible (refroidi par l'air extérieur) et dans le premier échangeur sensible avant de se refroidir dans un humidificateur.

Cycle de Henning

Le cycle de Henning est adapté aux climats très chauds et très humides où l'adsorption de la roue dessicante diminue significativement avec l'augmentation de la température et l'humidité de l'air à traiter. La Figure 1.4 présente le cycle de Henning avec une batterie froide qui est utilisée pour refroidir et déshumidifier légèrement l'air avant sa déshumidification dans la roue dessicante (Henning et al. 2001; Henning 2003).

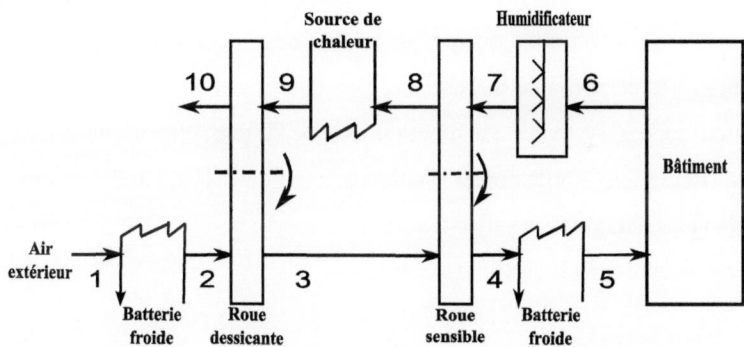

Figure 1.4. Schéma du cycle pour les climats très chauds et très humides (Henning 2003)

Cette déshumidification est uniquement utilisée pour ramener l'air extérieur à un taux d'humidité acceptable pour l'air de soufflage en raison de l'humidité très élevée de l'air extérieur, tandis qu'une autre batterie froide est utilisée à la place de l'humidificateur pour ramener l'air neuf à la température de soufflage souhaitée, sans lui apporter l'humidité.

Les techniques de refroidissement présentées utilisent l'énergie solaire pour régénérer la roue dessicante. Cette solution est utilisable dans les climats chauds. Le cycle de Pennington est l'un des cycles les plus importants utilisés dans la pratique (Jain et al. 1995, 2000; Jain et Bansal 2007). En modifiant ce cycle, le refroidissement par dessiccation peut être utilisé aussi dans les climats chauds et humides. On présente par la suite des études sur les performances des systèmes de refroidissement solaire par dessiccation qui ont été menés pour des différentes conditions climatiques.

1.2.3 Adéquation climatique des systèmes de refroidissement solaire par dessiccation

Des études sur les systèmes de refroidissement par dessiccation, en particulier pour la roue dessicante, ont été menées dans les années quatre-vingt (J. Jurinak et al. 1984). Un intérêt accru pour ces systèmes s'est manifesté au cours de ces dernières années, surtout aux Etats-Unis, au Japon, en Europe et en Chine (Cui et al. 2005).

La performance des systèmes de refroidissement par dessiccation dépend principalement des conditions de confort requis, des conditions climatiques et des performances des composants du système. Des études ont été faites pour évaluer la performance de ces systèmes en fonction des conditions climatiques, souvent en utilisant la simulation (Andersson et Lindholm 2001; Parmar et Hindoliya 2011). On présente dans les paragraphes suivants certaines des études qui ont été menées sur les systèmes dessicants dans les différents climats.

1.2.3.1 Climats tempérés

Jurinak (1982) a étudié la performance thermique saisonnière (rapport entre le froid produit par l'installation pendant toute la saison et l'énergie de régénération saisonnière utilisée) pour des cycles de Pennington et de recirculation couplés à l'énergie solaire pour trois villes américaines : Miami, Fort Worth et Washington D.C. en utilisant le logiciel TRNSYS. Il a trouvé que la performance thermique de ces cycles peut être améliorée si environ 20% de l'air de retour est utilisé en recirculation et passe à travers la roue dessicante. Il a comparé la consommation en énergie primaire des cycles de Pennington et de recirculation par rapport à la consommation d'un système à compression classique, en supposant que la surface des capteurs solaires à air est de 40 m^2, et a estimé que la consommation de ces cycles était de 30% à 40% moins que celle d'un système conventionnel.

Davanagere et al. (1999) ont étudié, pour quatre villes des Etats-Unis (Jacksonville (Floride), Albuquerque (Nouveau-Mexique), New York City, et Houston (Texas)), l'utilisation d'un système classique de refroidissement par compression comme système complémentaire au système de refroidissement par dessiccation. Les résultats de leur étude, faits par simulation en utilisant le logiciel TRNSYS, ont montré que le système de refroidissement par dessiccation est capable de couvrir la charge des bâtiments dans toutes ces villes sans recours au système par compression.

Henning et al. (2001) ont effectué une étude expérimentale pour le cycle de Pennington. L'étude a indiqué que cette technologie est disponible sur le marché et fonctionne bien, mais avec un coefficient de performance légèrement plus faible que prévu. Comme ils ont étudié le fonctionnement de ce système en utilisant l'énergie thermique générée par les capteurs solaires, ils concluent que le système de refroidissement par dessiccation, n'est adéquat que dans les régions tempérées comme le centre de l'Europe. Pour les climats chauds et humides, il y a besoin d'ajouter une machine frigorifique. Dans ce dernier cas, on peut économiser jusqu'à 50% de l'énergie électrique par rapport à une machine frigorifique classique.

Joudi et Dhaidan (2001) ont étudié le coefficient de performance (COP) d'un système de refroidissement par dessiccation pour le cycle « tout air neuf ». Ce système, installé dans une maison individuelle à Bagdad, était équipé avec une installation solaire qui comprenait des capteurs à air et des blocs de béton pour le stockage de la chaleur. Leurs résultats ont montré que le paramètre le plus important dans le fonctionnement de l'installation solaire était la superficie des capteurs solaires qui permettait d'obtenir le confort à l'intérieur bien que la température extérieure arrivait à 62°C à midi en juillet. De plus, les paramètres de la température ambiante, la température de régénération, l'efficacité de l'échangeur rotatif et l'efficacité des humidificateurs ont une influence majeure sur le COP de l'installation dessicante. Cette étude a indiqué que ce système était adapté pour le climat de Bagdad.

Bourdoukan (2010) a étudié l'impact des conditions extérieures et des efficacités de la roue dessicante et de la roue sensible sur les conditions de l'air de soufflage pour deux cycles, cycle de Pennington et cycle en recirculation. D'abord, il a fait un modèle pour le système de traitement d'air par dessiccation, mis en œuvre dans l'environnement de simulation SPARK. Puis, il a validé ces résultats expérimentalement à l'aide d'une installation implantée au LaSIE de l'Université de La Rochelle. Les résultats ont montré que le cycle de Pennington est très sensible à l'efficacité de la roue dessicante, à l'efficacité de la roue sensible et aux conditions climatiques. Une variation de 10% de l'efficacité d'un composant a un impact significatif sur les conditions de l'air de soufflage, en particulier quand l'air extérieur à une humidité élevée. Il est nécessaire que la roue dessicante et la roue sensible aient une efficacité de 0,7 et de 0,8 respectivement pour atteindre des températures de l'air soufflage de moins de 20°C.

L'étude à montré que le cycle en recirculation est moins sensible aux conditions extérieures et à l'efficacité de deux roues. L'efficacité de 0,7 est requise pour une température de l'air soufflage inférieure à 20°C, indépendamment des conditions extérieures. En ce qui concerne les conditions extérieures, la comparaison a montré que le cycle de Pennington est plus efficace lorsque l'humidité absolue extérieure est inférieure à $11 \, g \cdot kg^{-1}$, alors que le cycle en recirculation est plus approprié lorsque l'humidité absolue est supérieure à $11 \, g \cdot kg^{-1}$.

1.2.3.2 Climats chauds et humides

Jain et al. (1995) ont évalué la performance de trois cycles, le cycle en tout air neuf (de type Pennington), le cycle en recirculation et le cycle Dunkle, pour 16 villes indiennes avec des climats chauds et humides. Ils ont également évalué le COP thermfique (rapport entre le froid produit et l'énergie de régénération utilisée). Ils ont déduit que le cycle de Dunkle a le meilleur COP pour une large gamme de conditions extérieures. Pour une température de régénération de 130°C, le COP thermique calculé du cycle de Dunkle est aux alentours de 0,35, alors qu'il est de 0,2 pour le cycle à recirculation et de 0,1 pour le cycle de Pennington (Maalouf 2006). Ils ont également étudié les cycles en utilisant des échangeurs de chaleur à surface mouillée et ils ont trouvé que le COP thermique variait entre 0,5 et 2. Cependant, les coûts d'exploitation de ces cycles sont élevés et ils demandent un investissement important.

Kodama et al. (2003) ont étudié expérimentalement le cycle de Pennington dans les climats chauds et humides du Japon en utilisant une méthode empirique. Ils ont évalué le coefficient de performance thermique COP de la roue dessicante graphiquement en utilisant le diagramme psychrométrique. Leurs résultats expérimentaux montrent que le COP thermique du cycle « tout air neuf » dans les climats où l'humidité est inférieure à 15 $g \cdot kg^{-1}$ reste supérieure à 0,5, mais dans les climats où l'humidité est supérieure à 15 $g \cdot kg^{-1}$, le COP thermique diminue au dessous de 0,5 à cause des températures de régénération plus élevées. Afin de réduire ce problème, ils ont proposé deux nouvelles solutions : le cycle à trois roues et le cycle à quatre roues. Dans le premier cas, ils ont ajouté une roue sensible complémentaire. Dans le deuxième cas, ils ont ajouté une roue dessicante et une roue sensible. Les auteurs ont conclu que ces deux cycles peuvent fonctionner mieux avec des températures de régénération plus élevées.

Camargo et al. (2003) ont étudié l'influence des conditions climatiques extérieures sur la performance d'un système typique de refroidissement par dessiccation de type Pennington dans la ville brésilienne de São Paulo. Les résultats montrent que ce système est capable de réaliser le confort thermique dans cette ville. Ils ont fait une étude thermodynamique et économique sur le système de refroidissement par dessiccation basé sur le premier et le second principe de la thermodynamique afin de minimiser les coûts d'exploitation et d'évaluer la perte d'énergie. Ils ont utilisé une méthode appelée le coût de fabrication exergétique (*exergy manufacturing cost*), qui combine l'analyse exergétique avec les principes économiques pour donner des informations importantes pour les concepteurs de systèmes thermiques. L'étude a été faite sur un système qui fonctionnait dans trois conditions différentes par rapport à la température de régénération. Cette méthode dépend de deux paramètres qui donnent le rapport entre la température de régénération et la température de dessiccation, R/D. Les résultats de cette étude ont montré que la température minimale de régénération correspond au ratio minimum de R/D, ce qui minimise le coût de fabrication exergétique et permet d'obtenir la plus faible perte d'énergie.

Kanoğlu et al. (2004) ont proposé une étude exergétique des composants du cycle de Pennington et du cycle en recirculation en se servant de la théorie de Lavan qui se base sur l'analyse thermodynamique en utilisant la température et l'entropie moyennes. Ils ont évalué la perte d'exergie au sein de chaque élément de ces cycles en calculant le coefficient de performance COP réversible qui dépend des paramètres de fonctionnement. Ils ont obtenu un COP de 0,35 et un COP réversible de 3,11, et l'efficacité exergétique de 11,1%. Ils ont trouvé que la plus grande perte se produit dans la roue dessicante avec 33,8 % de destruction de l'exergie totale, suivi par le système de chauffage avec 31,2%. L'étude montre que l'analyse exergétique peut fournir des informations utiles par rapport à la limite supérieure de la performance du système, qui ne peuvent pas être obtenues à partir d'une analyse énergétique seule. Ce type d'analyse permet d'identifier et de quantifier les éléments du système avec les pertes d'exergie les plus importantes et de minimiser ces pertes d'exergie pour améliorer le COP réversible.

Pons et Kodama (2000) ont développé une analyse thermodynamique du cycle de Pennington qui propose, par une argumentation rigoureuse, confirmant la nature ouverte du cycle et la fermeture artificielle du cycle à dessiccation. Ensuite, ils ont démontré expérimentalement la validité de cette théorie. Leurs résultats théoriques étaient en bonne concordance avec les résultats expérimentaux. Puis ils ont développé l'analyse entropique en étudiant l'effet de la vitesse de l'air, de la température de régénération et de la vitesse de rotation de la roue sur l'évolution des irréversibilités au sein des composants du cycle. Ils ont obtenu que la plus grande partie des irréversibilités est due à la roue dessicante et à l'échangeur de régénération. En outre, l'augmentation de la température de régénération contribue significativement à l'augmentation des rejets de la machine vers l'ambiance extérieure et sur la production entropique totale, ce qui est due à l'augmentation de la température de l'air rejeté vers l'extérieur. Par ailleurs, Bourdoukan (2008) a montré que les humidifications étaient des sources importantes d'irréversibilité et de perte d'exergie.

Dans les paragraphes précédents, on a présenté certaines technologies utilisées dans les systèmes de refroidissement dessiccants et des résultats des études des performances en fonction du climat. La plupart de ces études concernaient la faisabilité de ces systèmes, leur développement et leur performance (COP, efficacité thermique ou exergétique, etc.). Elles concernaient des systèmes de configurations différentes (cycle de Pennington, cycle de recirculation, cycle de Dunkle et cycle de Henning). Le paragraphe suivant sera consacré à la roue dessicante comme élément important dans le système de refroidissement par dessiccation.

1.3 La roue dessicante

Tout d'abord, on présente les études qui ont été menées sur la roue dessicante. Ensuite, on passe en revue le phénomène d'adsorption qui permet de connaître le principe de fonctionnement de la déshumidification par adsorption. Puis, nous verrons les matériaux les plus utilisés pour la roue dessicante. Et, enfin, on présente la classification des types d'isothermes de sorption/désorption de la roue dessicante.

1.3.1 Etat de l'art sur la modélisation de la roue dessicante

Comme la roue dessicante est la partie essentielle dans les systèmes de refroidissement par dessiccation, des études ont été menées pour la modéliser et pour trouver de nouveaux matériaux avec une plus grande capacité à absorber l'humidité, en améliorant ainsi la performance de la roue et des systèmes en général. Une grande variété des méthodes a été développée pour résoudre les équations gouvernant les phénomènes des roues dessicantes, avec des compromis entre la précision et le temps de calcul :

- des méthodes analytiques qui permettent d'avoir un modèle de la roue, telles que la "méthode par analogie" qui repose sur l'analyse des équations de transfert de chaleur de la roue dessicante d'une manière analogue aux équations de transfert de chaleur dans un échangeur rotatif non hygroscopique.

Banks et al. (1970) ont présenté les expressions analytiques du transfert de la masse et de l'énergie en fonction de la méthode des caractéristiques, qui est une méthode simplifiée pour déterminer les conditions de sortie de l'air, où on utilise le point d'intersection des courbes des potentiels caractéristiques en supposant implicitement que les potentiels sont des fonctions linéaires en température et en humidité absolue. Ils ont remplacé les équations différentielles hyperboliques de la roue dessicante par des équations différentielles avec des paramètres variables indépendants. Maclaine-Cross et Banks (1972) ont montré que cette méthode nécessite la définition des fonctions potentielles de l'adsorbant-adsorbat. Ils ont donné les valeurs moyennes des paramètres qui sont utilisés souvent car ils ne contiennent pas d'erreurs significatives.

- des méthodes numériques : Maclaine-Cross (1974) a développé un modèle de connaissance de la roue en utilisant la méthode des différences finies. Avec cette méthode, il a utilisé une procédure analogue à la méthode de Runge Kutta de 2e ordre pour résoudre les équations aux dérivées partielles de la roue dessicante. La précision de cette méthode est bonne et les résultats servent pour valider d'autres modèles. Banks (1985) a utilisé une méthode approximative pour évaluer la performance de la roue. Cette méthode a été évaluée en comparant les résultats avec les solutions numériques des équations différentielles de la roue par la méthode des différences finies, mais il n'a pas évalué cette méthode expérimentalement.

- des méthodes basées sur le point d'équilibre : Stabat (2003), Maalouf (2006) et Bourdoukan (2008) ont utilisé le fait que le point d'équilibre côté soufflage se trouve à l'intersection de la courbe d'humidité relative aux conditions d'entrée de la régénération avec la droite de l'augmentation d'enthalpie de l'air d'entrée. Cette droite est déterminée à partir d'un point de fonctionnement. Cette méthode, utilisée dans le logiciel EcoClim, est rapide et elle donne une bonne précision pour plusieurs conditions de l'air à l'entrée de la roue dessicante.

- transformée de Laplace : Mathiprakasam et Lavan (1980) ont développé un modèle dynamique en utilisant la transformée de Laplace des équations linéarisées de transfert de chaleur et de masse. En comparant ce modèle avec un modèle numérique non linéaire, ils ont trouvé un bon accord dans un grand domaine de variation des paramètres du système.

- méthode empirique : (Lindholm 2000) a développé des corrélations de la roue dessicante à partir des courbes de performances des constructeurs. Lindholm a montré que le modèle développé donne une précision acceptable dans le domaine où la corrélation a été établie. (Beccali et al. 2002) ont établi des corrélations sur un grand nombre de données expérimentales pour trois types d'adsorbants utilisés pour la roue. La précision dépend du type d'adsorbant mais reste moyenne.

1.3.2 Phénomène d'adsorption

En pratique, on peut dire que les mêmes mécanismes physiques existent dans tous les matériaux dessicants. Le phénomène d'adsorption repose sur l'affinité entre un matériau et une espèce gazeuse. Ce phénomène se produit grâce à la différence de pression partielle entre la vapeur d'eau et la surface du dessicant.

Les matériaux adsorbants ont une grande capacité d'attraction et de stockage de certains gaz ou liquides. Cette caractéristique les rend très utiles dans les procédés de séparation chimique où l'on cherche à attirer la vapeur d'eau et à la stocker.

L'adsorption est produite principalement par les forces d'attraction de Van der Waals au contact de la vapeur d'eau avec un solide. Quand les forces d'attraction de Van der Waals entre le solide et la vapeur sont supérieures à celles entre les molécules de vapeur, ces dernières se condensent. Les forces d'attraction diminuent avec la distance, ce qui fait que l'adsorption est limitée à quelques couches moléculaires (J. J. Jurinak 1982; Handbook 1997).

L'adsorption de la vapeur augmente quand le solide est poreux et capillaire. Le liquide en forme de ménisque dans les pores fixe de la vapeur de la phase condensée et une condensation se déroule à chaque fois que la pression partielle de vapeur est supérieure à la pression de vapeur du liquide du capillaire. Les forces d'interaction moléculaire de Van der Waals, qui existent entre les molécules adsorbées et l'adsorbant, conduisent à l'accumulation d'eau à l'interface entre les deux phases gazeuse et solide.

Pour régénérer le matériau adsorbant, il doit être chauffé pour augmenter la pression partielle de vapeur d'eau dans les pores pour qu'elle soit plus grande que la pression partielle des vapeurs dans l'air. La chaleur de sorption est légèrement supérieure à la chaleur latente de vaporisation de l'eau parce que l'adsorption de l'air se déroule à température humide constante (c.-à-d. presque à enthalpie constante). Après passage sur l'adsorbant, l'humidité absolue est plus faible et la température est plus élevée (J. J. Jurinak 1982; Handbook 1997).

Les matériaux de dessiccation commercialement disponibles, et les plus utilisés dans les centrales de traitement d'air par dessiccation, incluent les charbons actifs, les zéolites, les alumines activées et le gel de silice (Parsons et al. 1990; Handbook 1997).

- **Le charbon actif** est constitué de matière à base de carbone produit à partir du bois. La fabrication se décompose en deux étapes : une première étape de calcination avec des fortes températures et une deuxième étape d'activation permettant l'augmentation de son pouvoir adsorbant, en diminuant les goudrons qui obstruent les pores. Le charbon actif est également utilisé pour filtrer les liquides.

- **Les zéolites** sont des aluminosilicates cristallins constituées de SiO_2 et Al_2O_3. Différentes structures de zéolites existent selon la manière dont sont arrangés ses cristaux tétraédriques et selon le rapport Si/Al. En général, les zéolites riches en aluminium ont une grande affinité pour l'eau et d'autres molécules polaires. Par contre, les zéolites pauvres en aluminium sont hydrophobes et adsorbent de préférence les hydrocarbures.

- **Les alumines activées** ont la propriété d'absorber de nombreux contaminants du fait de leur très grande porosité. Cette propriété catalytique est très utile dans de nombreuses applications industrielles. Les alumines activées sont très hydrophiles et sont couramment utilisées pour le séchage.

- **Le gel de silice** ou **silica-gel** est le matériau qui est le plus utilisé par les fabricants de systèmes de refroidissement par dessiccation. Les gels de silice (SiO_2) sont élaborés à partir de silicate de sodium. Ils sont caractérisés par une grande surface spécifique, de l'ordre de $800\,m^2/g$. La taille de leurs pores dépend de la technique de fabrication. Ils ont la capacité d'adsorber jusqu'à 40% de leur poids. L'avantage du gel de silice par rapport aux autres adsorbants est le domaine de variation de la température de régénération qui varie entre 55°C et 90°C. Ces températures peuvent être obtenues par une source de chaleur telle que les capteurs solaires. Ainsi, l'utilisation de l'installation solaire sera intéressante pour la régénération.

1.3.3 Classification des isothermes de sorption

La relation entre la teneur en eau du dessicant et l'humidité relative de l'air à une température constante en conditions d'équilibre est appelée isotherme de sorption (Parsons et al. 1990).

Dans la littérature, il existe de nombreux modèles mathématiques décrivant l'adsorption physique avec des hypothèses différentes. Brunauer (1943), en se basant sur des données expérimentales, a classifié les isothermes de sorption en cinq types, chacun ayant une forme spécifique. Le Syndicat International de Chimie Pure et Appliquée a ajouté une autre classification au modèle de Brunauer. Les formes caractéristiques de ces types sont présentées dans la Figure 1.5 (Sing et al. 1985).

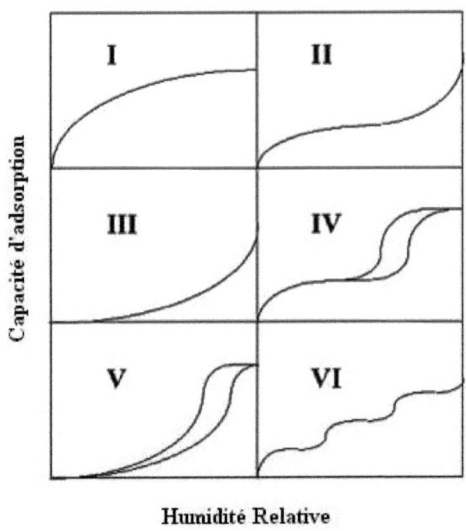

Figure 1.5. Classification des isothermes par le Syndicat International de Chimie Pure (Sing et al. 1985)

Les isothermes de type I caractérisent les matériaux présentant une dimension de pores voisine de la taille des molécules adsorbées. Les ultra-micros pores sont remplis de vapeur d'eau à partir de très faibles humidités relatives ; c'est le cas des zéolites synthétiques.

Les isothermes de type II et III représentent les matériaux à adsorption multicouche sans condensation capillaire. La différence importante entre les deux types est la chaleur d'adsorption qui pour le type II est supérieure à la chaleur latente de vaporisation de la vapeur alors qu'elle est inférieure pour le type III.

Les isothermes de type IV et V sont typiques pour le gel de silice ou le charbon actif. Elle présente souvent un cycle de sorption-désorption avec une hystérésis. Les forces intermoléculaires pour les isothermes de type IV sont similaires à celles des isothermes de type I et II. L'adsorption de la vapeur d'eau sur le gel de silice avec une faible densité est un exemple d'isotherme de type IV. Les isothermes de type V sont de nature similaire au type III, sauf que la taille moyenne des pores est plus petite (J. J. Jurinak et Banks 1982; Stabat 2003).

L'isotherme de type VI, similaire à l'isotherme de type II, caractérise l'adsorption en couches multiples sur une surface non-poreuse ou un adsorbant macroporeux. Ce type d'adsorption est assez rare, comme par exemple, l'adsorption de l'argon ou du krypton sur le carbone graphité à des températures cryogéniques. Comme il peut être observé dans la Figure 1.5, l'isotherme de type I possède la meilleure capacité d'adsorption, sans avoir d'hystérésis.

Cette étude bibliographique sur les systèmes de refroidissement par dessiccation, en particulier sur la roue dessicante montre que la plupart des modèles sont basés sur la connaissance des lois physiques et des données comme la géométrie, la vitesse de rotation et les propriétés des matériaux. Ces modèles permettent l'optimisation des composants et la vérification du comportement du système par simulation.

Les modèles utilisables pour le contrôle sont différents. Ils doivent permettre l'ajustement de leurs paramètres, en fonction de mesures faites pour le contrôle-commande, pendant le fonctionnement du système. Dans la littérature, les études sur les stratégies de contrôle pour les centrales de refroidissement par dessiccation sont très peu développées. Notre étude bibliographique montre qu'il n'existe pas encore de modèles dynamiques pour la roue dessicante qui soient identifiables et contrôlables. Ce sujet représente en effet l'objet de cette thèse.

1.4 État de l'art de la modélisation pour le contrôle- commande des systèmes à dessiccation

Le contrôle des systèmes a comme but de garantir le confort des occupants et de diminuer la consommation d'énergie (donc de favoriser l'utilisation de l'énergie solaire). A cet effet, plusieurs stratégies de régulation sont présentées dans la littérature.

Dans cette partie on présente tout d'abord les principes des techniques de contrôle. Ensuite, on passe en revue l'état de l'art du contrôle des CAD. Enfin, on présente des études sur le contrôle-commande des roues dessicantes.

1.4.1 Les principes des techniques du contrôle

Le contrôle consiste à maintenir automatiquement à une valeur désirée (*la consigne*), une variable (*la grandeur réglée*) quand le système est soumis à des perturbations (*grandeurs perturbatrices*).

1.4.1.1 Commande en boucle ouverte

Quand le système de commande est en boucle ouverte, la grandeur de réglage est basée sur la grandeur perturbatrice mesurée. La régulation en boucle ouverte est rapide, grâce à son action qui dépend de la cause perturbatrice, et non de la réponse du système. Cela implique qu'il n'y a pas de contrôle de la variable réglée. Ce mode utilise un modèle prédictif pour définir la relation liant la fluctuation de la grandeur perturbatrice et la grandeur de réglage. La Figure 1.6 présente le schéma de principe d'une telle approche.

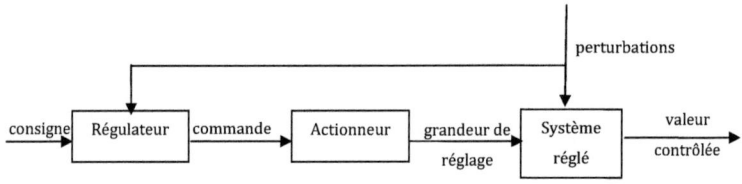

Figure 1.6. Régulation en boucle ouverte

1.4.1.2 Commande en boucle fermée

Quand le système de commande est en boucle fermée, la grandeur de réglage est basée sur la grandeur réglée en comparant la valeur mesurée avec la consigne. La régulation en boucle fermée présente l'avantage de compenser la variation de la grandeur réglée, quelle que soit la perturbation, parce qu'elle agit en fonction de l'effet et non en fonction de la cause. L'action est prise après que l'effet de la perturbation est devenu mesurable dans le signal de la sortie. La vitesse de propagation de l'effet d'une perturbation dépend des caractéristiques dynamiques du système. La Figure 1.7 montre le schéma de principe de la boucle fermée.

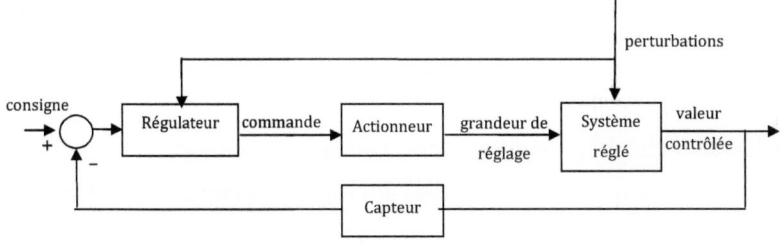

Figure 1.7. Régulation en boucle fermée

En général, il y a deux types d'actions du régulateur :

- « tout ou rien » : Ce mode d'action est le seul possible lorsque l'organe de réglage ne possède que deux positions "ON-OFF". Ce mode d'action convient aux systèmes inertes pour lesquels la régulation se fait par cycles marche/arrêt. Avec ce type de régulation on ne peut pas opérer une correction exacte, car la grandeur réglée oscille de façon continue.

- action continue : Quand la régulation est à action continue, l'actionneur peut prendre toutes les positions sur sa plage de variation. Le régulateur continu le plus utilisé a une structure de type PID (Proportionnel Intégral Dérivé). Pour le régulateur de type proportionnel (P), la commande est proportionnelle à l'écart entre la grandeur réglée et la consigne. Pour des raisons de stabilité de l'ensemble contrôleur – système contrôlé, la constante de proportionnalité a une valeur maximale qui dépend du comportement dynamique du système contrôlé. L'action proportionnelle a l'inconvénient de la présence d'un écart résiduel entre la valeur réglée et la valeur de la consigne qui dépend de la valeur de la constante de proportionnalité.

Pour résoudre ce problème, il est possible d'ajouter un effet intégral qui a l'avantage de pouvoir effectuer une correction tant que l'écart n'est pas nul, mais il diminue la stabilité du système contrôlé. Le régulateur PI possède donc deux paramètres de réglage : la bande proportionnelle et la constante de temps d'intégration, qui dépendent des caractéristiques statiques et dynamiques du processus régulé.

Le régulateur PID, qui tient compte aussi de la vitesse de variation de l'écart entre la valeur régulée et la consigne, est utilisé lorsqu'il s'agit de corriger les écarts le plus rapidement possible. Un régulateur de type PID a trois paramètres réglables : la constante de proportionnalité, la constante de temps d'intégration et la constante de temps de dérivation. Il existe de nombreuses méthodes pour trouver les valeurs de ces paramètres qui dépendent de la connaissance explicite ou implicite du modèle du processus à régler. En effet, chaque contrôleur contient, de manière explicite ou implicite, le modèle du processus contrôlé.

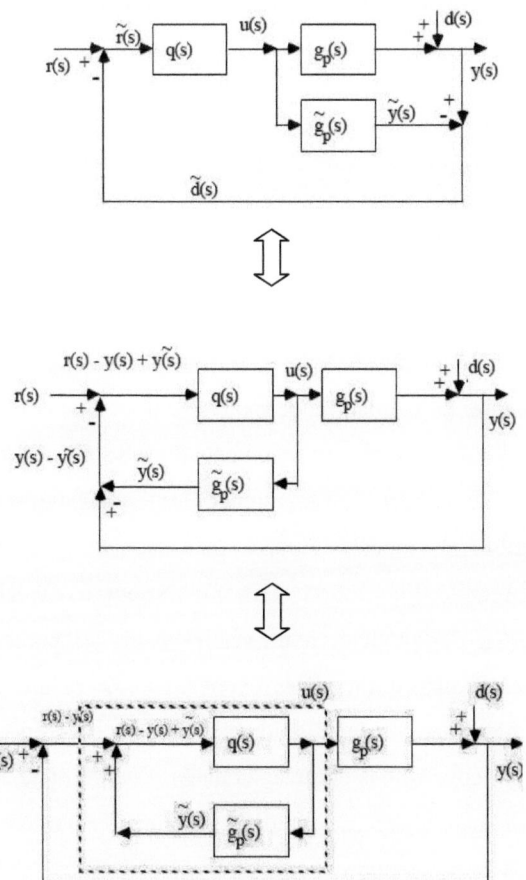

Figure 1.8. Equivalence entre la Commande à Modèle de Comportement et la commande à rétroaction (Bequette 2003)

1.4.1.3 Le modèle du procédé comme partie intégrante du contrôleur

Le modèle du processus est d'une importance primordiale pour la synthèse du contrôleur. La procédure standard de synthèse d'un contrôleur utilise le modèle du processus d'une manière implicite. Par exemple, les valeurs des paramètres du régulateur PID sont choisies en fonction de la réponse dynamique du processus mais il n'est pas toujours clair comment le modèle du processus intervient dans cette procédure. Dans la *Commande à Modèle de Comportement* (CMC), le contrôleur est basé explicitement sur le modèle du processus. On peut démontrer facilement l'équivalence entre la boucle de contrôle à rétroaction et la CMC (v. Figure 1.8)(Bequette 2003).

Cette équivalence montre l'importance du modèle du procédé pour la synthèse du régulateur.

Une classe large de processus et phénomènes peut être modélisée avec des systèmes non-linéaires des équations différentielles à dérivées partielles qui provient de l'application des lois fondamentales de la physique comme les lois de conservation de la masse, de l'énergie, de la quantité de mouvement, de la charge électrique, etc. (Figure 1.9). La résolution numérique de ces équations se fait par la discrétisation spatiale ce qui génère des modèles de très grande taille. Comme le régulateur a un modèle de petite taille, les modèles utilisés pour le contrôle sont des modèles dynamiques de taille réduite (Figure 1.9). Très utilisés sont les modèles linéaires qui font une approximation des modèles non-linéaires pour des petites variations de signaux. Ils sont nommés aussi des modèles à petit signal. On peut les obtenir à partir d'une modélisation physique (modèles boîte blanche) ou en utilisant des modèles empiriques obtenus par corrélations entre les données d'entrés et de sorties (modèles boîte noire). L'approximation avec des modèles linéaires à paramètres constants est utile notamment dans la régulation où on cherche à garder les sorties autour d'un point de fonctionnement.

Les modèles linéaires à paramètres constants, qui sont exprimés comme des équations différentielles en fonction du temps, peuvent être représentés dans l'espace d'état. En appliquant la transformée de Laplace, ces modèles dynamiques peuvent être exprimés dans le domaine complexe. Une forme utilisée fréquemment est la fonction de transfert.

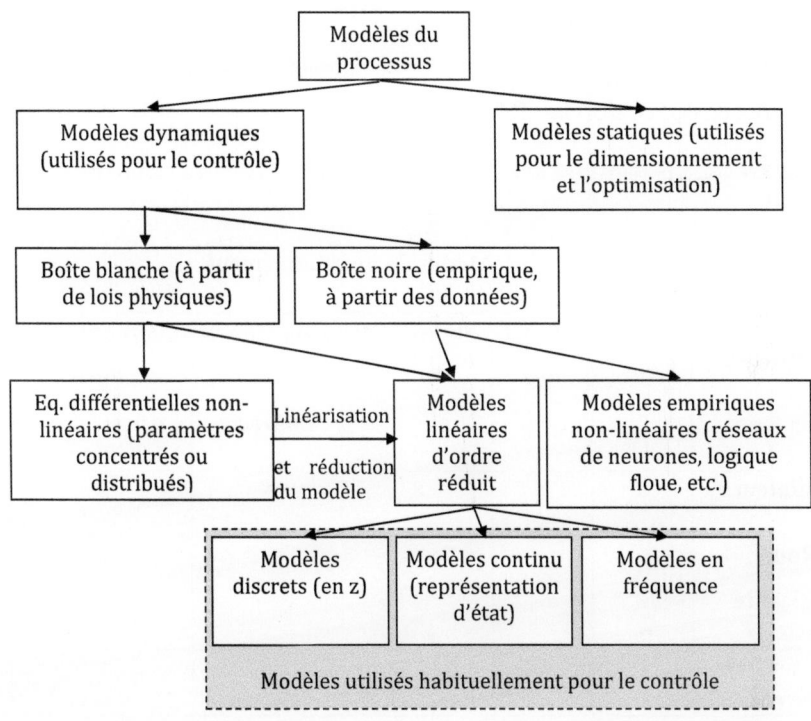

Figure 1.9. Modèles des processus utilisés habituellement pour le contrôle (Brosilow et Joseph 2002)

Quand la connaissance physique nécessaire pour la construction du modèle manque, on peut utiliser un modèle de type boîte noire. Dans ce cas, la relation entre les entrées et les sorties est obtenue avec un modèle empirique qui reproduit le comportement du procédé en utilisant des corrélations.

1.4.2 Étude bibliographique du contrôle des systèmes de refroidissement par dessiccation

Nous passons en revue certaines des études sur le contrôle des systèmes de refroidissement par dessiccation.

Henning et al. (2001) ont défini cinq modes de fonctionnement pour le système de refroidissement par dessiccation : *le double flux, le chauffage actif, la surventilation, l'humidification indirecte, et le refroidissement par dessiccation*. Ces modes de fonctionnement sont définis en fonction des composants de la centrale de traitement d'air qui sont en état de marche (Tableau 1.1).

Tableau 1.1. Les composants du système mise en marche en fonction du mode de fonctionnement (Henning et al. 2001)

Les composantes du système	Modes de fonctionnement				
	Double flux	*Chauffage actif*	*Surventilation*	*Humidification indirecte*	*Refroidissement par dessiccation*
Ventilateurs	x	x	x	x	x
Roue dessicante					x
Roue sensible	x	x		x	x
Batterie chauffage dessiccation		x			
Humidificateur régénération				x	x
Humidificateur dessiccation					x

Henning et al. (2001) n'ont pas pu arriver à déterminer une stratégie de la régulation optimale. Leurs résultats montrent que pour minimiser la consommation en énergie primaire, le principe de base est la minimisation des débits d'air dans tous les modes d'opération. Le débit d'air augmente lorsque le système fonctionne dans les modes actifs, comme *le refroidissement par dessiccation* et *le chauffage actif*.

Henning (2004) a étudié le mode *refroidissement par dessiccation* selon le type de système solaire et le type d'appoint utilisé :

1. capteurs solaires à air, sans dispositif de stockage ni d'appoint ;

2. capteurs solaires à eau avec dispositif de stockage et appoint chaud (chaudière) ;

3. capteurs solaires à eau, avec dispositif de stockage et appoint froid (compresseur).

En comparaison avec la première et la troisième solution, la deuxième solution améliore le stockage thermique et augmente l'efficacité des capteurs thermiques.

Des études ont été menées pour maîtriser la température de régénération, ce qui complexifie la procédure de contrôle, mais permet aussi une meilleure gestion des conditions de fonctionnement, avec les coefficients des performances énergétiques (COP) améliorées en charge partielle. Dans le paragraphe suivant on va présenter certaines de ces études.

Balaras et al. (2007) proposent un autre type de régulation basé sur le calcul d'une "*fonction des besoins en froid*" qui est fonction de la température extérieure et de la différence entre la température intérieure et la température de consigne. Cette fonction est égale à 0 tant que la température intérieure est inférieure à 22°C. L'efficacité de l'humidificateur côté dessiccation, ainsi que la température de régénération varient également en "*fonction des besoins en froid*". Quand le système fonctionne en "*humidification indirecte*", la vitesse de rotation de l'échangeur sensible augmente, ce qui fait augmenter aussi son efficacité. Lorsque la vitesse de rotation atteint son maximum, le système bascule en mode "*refroidissement par dessiccation*". Ils ont montré que le système nécessite un flux d'air de régénération qui permet de refroidir l'air de dessiccation dans l'échangeur et régénérer le matériau dessicatif par la source chaude du système lorsqu'il travaille en mode "*refroidissement par dessiccation*". La température de régénération nécessaire peut varier entre 50 et 80°C, ce qui donne un coefficient de performance thermique COP_{th} d'environ 0,5.

Ginestet (2005) a utilisé une stratégie de régulation en boucle fermée en maîtrisant le débit de ventilation, la température de régénération et l'efficacité des humidificateurs. Une analyse de sensibilité a été réalisée afin d'évaluer l'influence de ces paramètres pour qu'ils puissent être utilisés pour le contrôle de la centrale de traitement d'air par dessiccation. L'effet des variations des paramètres du système pour les modes de fonctionnement comme « *refroidissement par dessiccation* » ou "*surventilation*" a été utilisé pour l'évaluation des performances énergétiques du système. L'auteur a étudié d'abord la stratégie de contrôle pour une énergie de régénération payante qui prend en compte les périodes d'occupation ou d'inoccupation du bâtiment. En inoccupation, il a utilisé le mode de "*surventilation*" pour limiter la surchauffe en journée. Il a remarqué que les forts débits sont évités en journée, alors qu'ils sont utilisés la nuit. Il a trouvé aussi que le système peut fonctionner en mode "*refroidissement par dessiccation*" ce qui nécessite une augmentation de la température de régénération. Ensuite, il a suggéré l'utilisation d'un régulateur proportionnel du débit de ventilation pour la stratégie de contrôle du mode "*refroidissement par dessiccation*" ou "*surventilation*".

Maalouf (2006) a prouvé que le système dessicatif peut fonctionner dans les modes *refroidissement par dessiccation, humidification indirecte, ou surventilation*. Maalouf a trouvé que le système peut fonctionner en mode "*humidification indirecte*" quand la différence entre les températures de l'air extérieur et de l'air à la sortie de l'humidificateur dépasse 1°C. Sinon, le système se met en marche en mode "*surventilation*". Le système fonctionne en mode "*refroidissement par dessiccation*" si la température du local dépasse la température de consigne jusqu'à ce que la température du local soit inférieure à la température de la consigne à une valeur qui dépend de la masse thermique du bâtiment, égale, généralement, à 1°C. Il a trouvé que l'utilisation du mode "*humidification indirecte*" limite la consommation d'énergie.

En comparant les stratégies de contrôle proposées par Ginestet et Maalouf, on remarque qu'ils se sont appliqués au même problème, avec les mêmes hypothèses concernant le climat, la boucle solaire, la centrale dessicante et le bâtiment, avec comme seule différence l'absence de mode "*humidification indirecte*" en période d'occupation dans la stratégie de Ginestet. Enfin, la stratégie de contrôle proposée par Maalouf en utilisant le mode "*humidification indirecte*" permet de limiter la consommation d'énergie. D'un autre côté, la stratégie proposée par Ginestet permet un bon respect de la consigne grâce à l'utilisation d'une loi proportionnelle pour le contrôle du débit de ventilation.

Vitte (2007) a proposé une stratégie différente de régulation qui s'appuie sur la mesure de la température et de l'humidité. Elle dépend de l'utilisation de la différence d'enthalpie entre l'air intérieur et l'air extérieur, dans les modes de fonctionnement : *double flux, chauffage actif, surventilation, humidification indirecte, et refroidissement par dessiccation*. Il s'agit d'une régulation hybride, c'est-à-dire un mélange entre une boucle ouverte (le contrôle dépend d'une perturbation, l'enthalpie de l'air extérieur) et une boucle fermée (le contrôle dépend de la grandeur régulée, la température intérieure). Cette stratégie a été optimisée par simulation à l'aide d'une méthode numérique d'optimisation. Vitte a utilisé l'algorithme d'optimisation de Hooke et Jeeves pour minimiser une fonction coût qui prend en compte la consommation globale d'énergie primaire et un indice d'inconfort. Ensuite, il a comparé cette régulation optimisée avec un système à compression, considéré comme référence. Les résultats de la simulation estimaient une baisse de 27% de la consommation énergétique par rapport à la climatisation classique par compression. Cependant, cette stratégie de régulation hybride doit être testée expérimentalement pour vérifier sa faisabilité et évaluer la consommation réelle d'une centrale dessicante sur une durée prolongée. L'auteur a trouvé que l'inconvénient important de cette stratégie est que son utilisation est lourde en termes de temps de calcul, ce qui ne facilite pas son adaptation à un système de contrôle en temps réel.

Comme la roue dessicante est l'élément le plus important, des études ont été menées dans le but de la contrôler. La partie suivante présente certaines de ces études.

1.4.3 Modélisation de la roue dessicante dans le but de contrôle

Comme la roue dessicante est l'élément central du système de refroidissement par dessiccation, des études ont été menées pour modéliser la roue afin de développer des stratégies de contrôle. On va passer en revue certaines de ces études.

Subramanyam et al. (2004) ont testé la possibilité d'ajouter une roue dessicante à un système conventionnel à compression. Ils ont contrôlé l'humidité relative de l'air à l'entrée de la roue dessicante pour des contenus d'humidité faibles de l'air conditionné. La roue dessicante a été utilisée pour déshumidifier et réchauffer l'air entrant du côté dessiccation. Elle a été utilisée comme pré-refroidisseur de l'air de retour. Un humidificateur a été introdui du côté régénération. L'étude montre que le système proposé peut fournir les conditions requises pour l'air de soufflage si la température du point de rosée de l'air de soufflage est inférieure d'environ 2°C par rapport au système conventionnel. Le coefficient de performance COP du système conventionnel avec la roue dessicante est presque le double de celui d'un système conventionnel.

Pahlavanzadeh et Zamzamian (2006) ont développé un modèle mathématique de la roue dessicante qui a été validé par des résultats expérimentaux menés sur une roue remplie de gel de silice. Les résultats indiquent que le taux de déshumidification dépend essentiellement du taux d'humidité à l'entrée, de la température de l'air, de la vitesse de rotation, et du facteur de correction d'Ackermann qui a été appliqué pour corriger le coefficient de transfert de chaleur en fonction de la variation de la température et l'humidité de l'air entrée. Leurs résultats ont montré que la vitesse de la roue, contrôlée entre 1 et $10\,\mathrm{ms}^{-1}$, influence de manière significative le taux de déshumidification. Ils ont trouvé que l'augmentation de l'humidité relative de l'air d'entrée de côté de régénération à plus de 50% et de la température de plus de 95°C conduisent à un facteur d'Ackermann qui corrige le coefficient de transfert de chaleur de 4%. Par conséquent, il a été conclu que le facteur d'Ackermann, qui est utilisé pour corriger le coefficient de transfert de chaleur, doit être pris en compte dans la modélisation du système de dessiccation.

Cejudo et al. (2002) ont présenté deux méthodes permettant de modéliser la roue dessicante : un modèle physique, basé sur les bilans de masse et d'énergie de la roue, et un modèle de réseaux de neurones, basé sur un modèle de type boîte noire obtenu à partir des données réelles. Le modèle physique est constitué d'un ensemble d'équations différentielles non linéaires résolues par des techniques de différences finies. Le modèle de réseau de neurones, résolu par des techniques de boîte noire, consiste en un réseau à quatre entrées-quatre sorties qui calcule les conditions de sortie en fonction de celles d'entrée.

Leurs résultats ont montré que le modèle physique fait apparaître des écarts entre les valeurs calculées et mesurées. En effet, les pertes de chaleur de la roue ne sont pas prises en compte dans le modèle parce que le système est supposé être adiabatique. Les auteurs concluent que les réseaux de neurones sont plus adéquats pour simuler la performance de la roue dessicante. La température et l'humidité calculée pour la sortie d'air sont en bon accord avec les données expérimentales. Pourtant, le modèle physique détaillé et le modèle basé sur les réseaux de neurones ne sont pas adaptés pour être utilisables dans les algorithmes de contrôle.

Pour notre part, nous nous sommes orientés vers un modèle dynamique utilisable pour le contrôle. Pour cela, ce modèle doit avoir les paramètres identifiables expérimentalement. Comme des connaissances physiques sont disponibles (par exemple la masse, la géométrie, la vitesse de rotation), elles seront utilisées dans la modélisation.

1.5 Conclusions sur l'état de l'art et les objectifs de ce travail

Dans ce chapitre nous avons présenté l'état actuel des systèmes de refroidissement solaire à dessiccation et de la modélisation de la roue dessicante. Nous avons présenté les principaux cycles utilisés dans les systèmes dessicants et les caractéristiques des matériaux dessicants. L'étude de l'état de l'art sur le contrôle relève que les recherches se sont orientées surtout vers les séquences de contrôle-commande. Dans ces cas, les algorithmes de contrôle utilisés sont très simples, comme les algorithmes PI.

L'étude bibliographique sur la modélisation de la roue dessicante nous montre que les modèles basés sur les connaissances physiques (modèles de type boîte blanche) sont relativement avancés et qu'il existe aussi des modèles empiriques, basés sur les réseaux de neurones (modèles de type boîte noire). Mais ces derniers modèles ne sont pas adaptés pour la synthèse des algorithmes de contrôle-commande.

L'objectif de cette thèse est de développer des modèles de connaissance de la roue dessicante qui pourront être utilisés pour la gestion optimale des systèmes et la synthèse des algorithmes de contrôle-commande à modèle interne. Ces modèles doivent être dynamiques et linéaires, au moins pour les petits signaux. Leurs paramètres doivent être identifiables expérimentalement. En plus, nous souhaitons profiter des connaissances fournies par les modèles physiques pour réduire le nombre des paramètres à identifier expérimentalement.

Le cycle utilisé au cours de ce travail est celui de Pennington, avec une roue dessicante composée de gel de silice. Avant de traiter la modélisation de la roue et l'identification des paramètres du modèle, nous nous proposons de décrire dans le chapitre suivant le dispositif expérimental utilisé.

Chapitre 2 : Etude expérimentale

Dans cette partie nous présentons les composants du dispositif expérimental et le protocole de mesures.

2.1 Description du dispositif expérimental

Le dispositif expérimental est formé de trois parties essentielles : une centrale de traitement d'air par dessiccation (CAD) (Figure 2.1), une centrale de traitement d'air classique (CTA) (Figure 2.2) et un simulateur de charge qui modélise le bâtiment. La centrale classique traite l'air neuf dans le but de simuler des différentes conditions d'entrée pour la CAD. Les charges sensibles du bâtiment sont simulées avec une batterie chaude électrique à l'intérieur d'un plénum (BEP) qui représente le local à climatiser.

Figure 2.1. Centrale de traitement d'air par dessiccation (CAD)

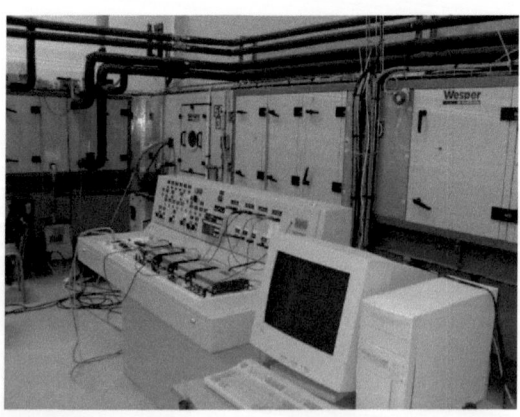

Figure 2.2. Vue générale de la centrale de prétraitement d'air (CTA)

2.2 Système de refroidissement par dessiccation

La Figure 2.3 montre le schéma général de l'installation expérimentale étudiée.

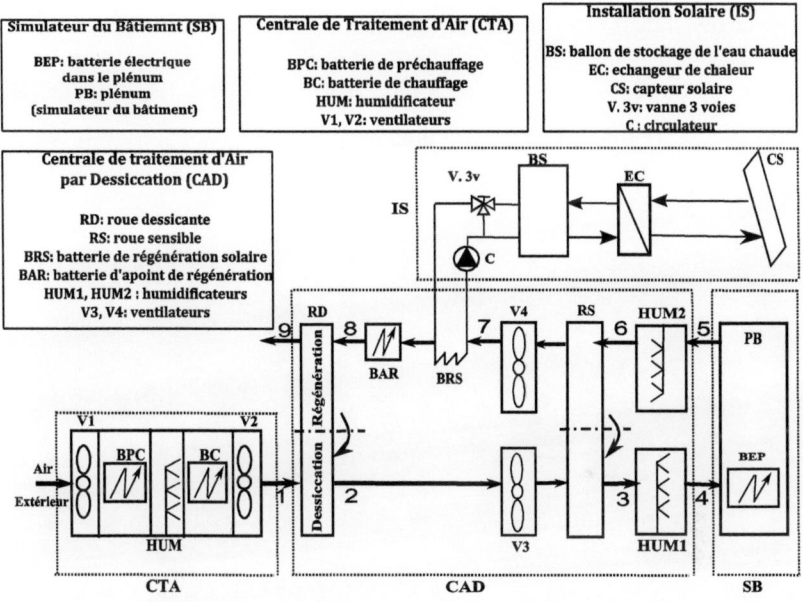

Figure 2.3. Schéma général de l'installation expérimentale

La centrale de traitement d'air par dessiccation se compose d'une roue dessicante (RD), d'un échangeur rotatif sensible (RS), non hygroscopique, de deux humidificateurs à rotation (HUM1, HUM2), de deux ventilateurs (V3, V4), d'une batterie de régénération eau-air couplée à l'installation solaire ainsi que d'une batterie d'appoint de régénération (BAR) de type électrique.

La Figure 2.4 (a) montre la vue d'ensemble de la roue dessicante verticale qui est constituée d'une matrice en nid d'abeille, couramment utilisée dans les systèmes de refroidissement par dessiccation. La roue est recouverte de « gel de silice », un matériau adsorbant solide. La roue dessicante a un diamètre de 1,20 m et une épaisseur de 0,20 m ; elle tourne à une vitesse de rotation de 7,7 tr/h.

La Figure 2.4 (b) illustre en détail la structure de la roue. La coupe latérale de chaque canal a la forme d'un nid d'abeille d'une hauteur de 1,5 mm +/-0.1 mm formé par une plaquette en métal de 0,2 mm d'épaisseur (valeur donnée par le constructeur).

La température de régénération T_8 (le point 8 dans la Figure 2.3) varie entre 50 °C, quand le système n'utilise que l'énergie solaire, et 90 °C, quand la batterie électrique d'appoint est active.

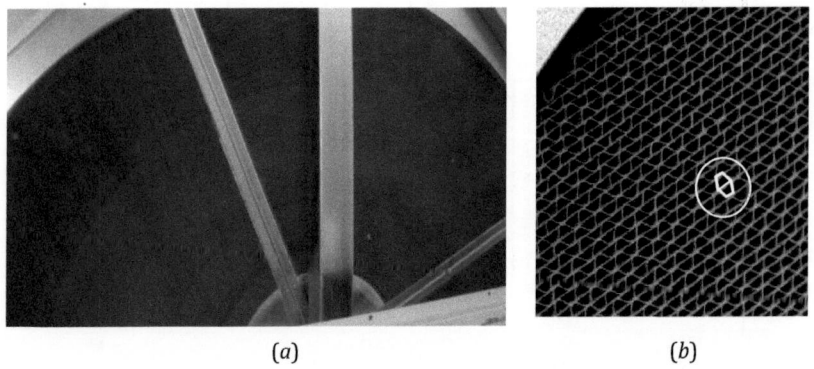

(a) (b)

Figure 2.4. Roue dessicante : a) vue d'ensemble ; b) détail de la coupe latérale de la roue avec les canaux

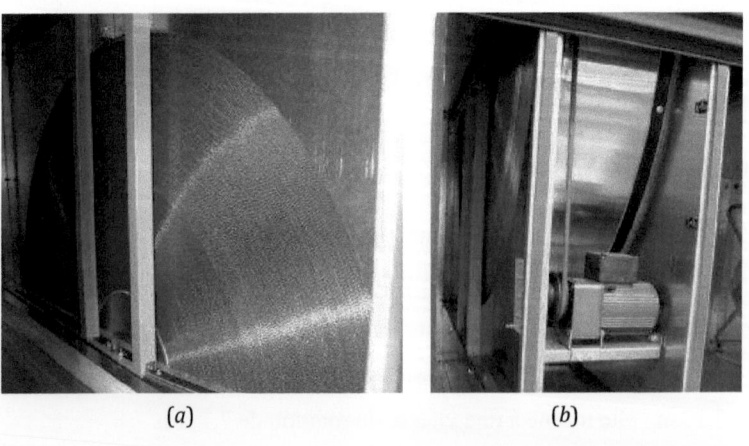

(a) (b)

Figure 2.5. Echangeur rotatif non hygroscopique : a) vue frontale ; b) vue latérale

L'échangeur sensible est constitué d'une matrice d'aluminium en nid d'abeille de 1,20 m de diamètre et de 0,20 m d'épaisseur, qui tourne à une vitesse de 12 tr/min (Figure 2.5).

Les humidificateurs à atomisation par rotation (Figure 2.6) ont chacun un moteur de 150 W et tournent à une vitesse de 12000 tr/h. L'alimentation des humidificateurs en eau adoucie s'effectue à la pression du réseau d'eau potable.

Figure 2.6. Humidificateur à rotation

Figure 2.7. Ventilateur à haute performance

Les ventilateurs installés sont à très haute performance avec une consommation de 500 W pour un débit d'air de 3000 m^3/h. La Figure 2.7 montre un ventilateur de la centrale de traitement d'air par dessiccation (CAD).

La batterie de régénération est un échangeur de chaleur eau-air constitué de deux rangées de tuyaux en cuivre recouverts d'ailettes en aluminium. Une batterie d'appoint électrique de régénération (BAR) complète l'installation (Figure 2.8).

Figure 2.8. Batterie d'Appoint de Régénération électrique (BAR)

2.3 Installation solaire

L'installation solaire (Figure 2.3) fournit la chaleur nécessaire à la régénération ; elle est constituée de capteurs solaires sous vide, d'un échangeur de chaleur externe à plaques et d'un ballon de stockage thermique.

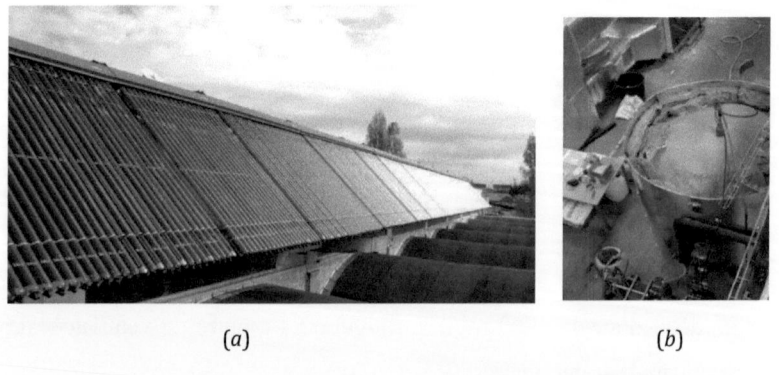

(a)   (b)

Figure 2.9. a) Capteurs sous vide à caloduc ; b) Ballon de stockage avec l'isolation et l'échangeur

Les capteurs solaires sous vide à caloduc, d'une surface totale de 40 m², sont montés le long d'un acrotère du laboratoire (Figure 2.9 a). Ils chargent un ballon de stockage thermique de 2350 l (Figure 2.9, b) par l'intermédiaire de l'échangeur à plaques. Ce ballon est isolé par une couche de laine de roche d'une épaisseur de 20 cm.

2.4 Métrologie

Le schéma général du système de commande et de contrôle de la CTA et de la CAD est montré dans la Figure 2.10. En utilisant un système de contrôle-commande, la CTA permet de faire varier la température et l'humidité de l'air à l'entrée de la CAD (point 1 sur la Figure 2.10). La centrale dessicante est équipée de commandes manuelles pour les deux humidificateurs et pour la batterie chaude de régénération.

Dans ce dispositif, les valeurs mesurées sont le débit d'air, les températures et les humidités aux points 1 – 9 montrés dans la Figure 2.3. Le débit volumique d'air est mesuré une seul fois car il change peu dans le temps (les deux centrales sont à débit constant). En revanche, les mesures de température et d'humidité de l'air dans les gaines représentent une vraie difficulté technologique. D'une part, les propriétés de l'air ne sont pas homogènes à la sortie d'un composant, d'autre part, les capteurs industriels utilisés sont fiables et stables pour la mesure de la température mais ils présentent une dérive dans le temps quand il s'agit de la mesure de l'humidité relative.

Le Tableau 2.1 présente les caractéristiques techniques de la roue de dessiccation, selon le fabricant, avec les données qui seront utilisées par la suite pour la simulation.

Tableau 2.1. Caractéristiques et données de la roue dessicante

Dimensions	Valeur
Hauteur de canal a	$1,7 \times 10^{-3}$ m
Largeur de canal b	$3,6 \times 10^{-3}$ m
Epaisseur du revêtement dessicant d_t	$0,2 \times 10^{-3}$ m
Profondeur du rotor L	0,2 m
Propriétés physiques du dessicant	
Chaleur d'adsorption Q_{sor}	2500 – 2700 kJ·kg^{-1}
Densité du dessicant ρ_d	240 kg·m^{-3}
Chaleur spécifique isobare du dessicant c_d	800 J·kg^{-1}·K^{-1}
Propriétés physiques de l'air	
Conductivité thermique κ	0,0263 W·m^{-1}·K^{-1}
Densité de l'air ρ_g	1,1614 kg·m^{-3}
Chaleur spécifique isobare de l'air c_g	1007 J·kg^{-1}·K^{-1}
Vitesse de l'air dans le canal U_g	0,75 m·s^{-1}
Constante de l'air r	287,058 J·kg^{-1}·K^{-1}
Pression atmosphérique P_0	101325 Pa
Temps d'échantillonnage des données expérimentales T_S	30 s

Afin de contourner les contraintes technologiques des capteurs, la mesure des propriétés de l'air dans les gaines est effectuée avec un psychromètre de précision composé de deux sondes Pt100. Une sonde mesure la température sèche et l'autre est recouverte d'une mèche qui trempe dans un petit réservoir d'eau distillée pour mesurer la température humide. La pression atmosphérique est mesurée avec l'aide d'un baromètre. En utilisant les relations qui caractérisent l'air humide, il est alors possible de calculer l'humidité absolue et l'humidité relative de l'air entrant dans le circuit de la CAD.

Neuf psychromètres sont installés dans la CAD ; ils sont disposés en amont et en aval de chaque composant aux points 1, 2, 3, 4, 5, 6, 7, 8 et 9 montrés dans la Figure 2.3. Toutes les sondes Pt100 des psychromètres et du circuit solaire ont été étalonnées au dixième de degré sur un banc d'étalonnage et pour une plage de température entre 0 et 100°C.

Toutes les sondes ont été raccordées à une centrale d'acquisition (Figure 2.11) qui renvoie les valeurs mesurées à l'ordinateur central. Le système d'acquisition est géré par une interface utilisateur (Figure 2.12).

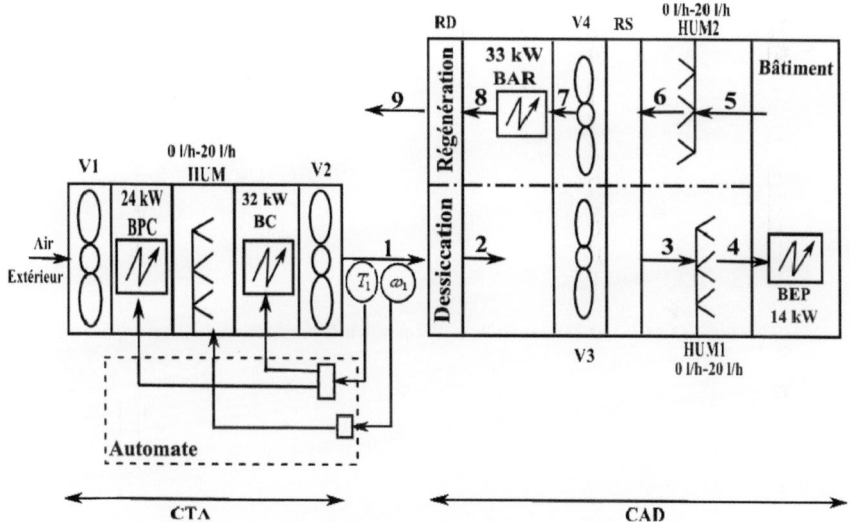

Figure 2.10. Schéma général de commande et de contrôle du système expérimental (CTA et CAD)

Figure 2.11. Centrale d'acquisition

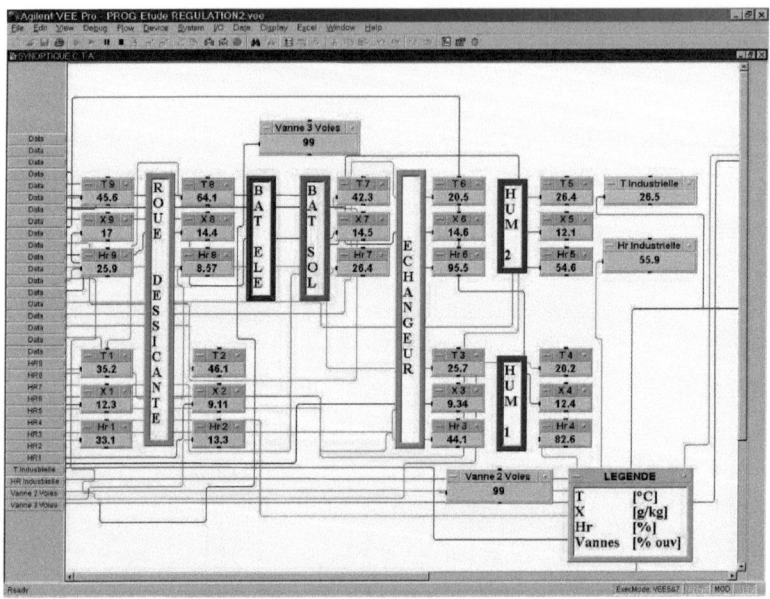

Figure 2.12 Interface de contrôle et d'acquisition de la centrale à dessiccation

Le Tableau 2.2 donne les entrées et les sorties de l'automate.

Tableau 2.2. Entrées /sorties de l'automate programmable

CAD	Entrée analogique	Sortie analogique	Entrée digitale
Capteur de température T_1	x		
Capteur de température T_2	x		
Capteur de température T_3	x		
Capteur de température T_4	x		
Capteur de température T_5	x		
Capteur de température T_6	x		
Capteur de température T_7	x		
Capteur de température T_8	x		
Capteur de température T_9	x		
Capteur de température humide T_{h1}	x		
Capteur de température humide T_{h2}	x		
Capteur de température humide T_{h3}	x		
Capteur de température humide T_{h4}	x		
Capteur de température humide T_{h5}	x		
Capteur de température humide T_{h6}	x		
Capteur de température humide T_{h7}	x		
Capteur de température humide T_{h8}	x		
Capteur de température humide T_{h9}	x		
Marche/arrêt ventilateur 3		x	
Marche/arrêt ventilateur 4		x	
Commande batterie d'appoint de régénération			x

(BAR)			
Commande batterie électrique dans le plénum (BEP)			x
Commande humidificateur 1 (HUM1)			x
Commande humidificateur 2 (HUM2)			x
CTA			
Marche/arrêt ventilateur 1		x	
Marche/arrêt ventilateur 2		x	
Commande batterie de pré - chauffage (BPC)			x
Commande batterie de chauffage (BC)			x
Commande humidificateur (HUM)			x

2.5 Protocole expérimental

Le protocole expérimental doit permettre l'identification des paramètres du modèle de la roue dessicante à débit d'air constant, qui constitue un système non-linéaire multi-entrées multi-sorties.

La Figure 2.13 (a) présente le domaine de variation de la température et de l'humidité absolue pour l'entrée du côté régénération (r^i) et du côté dessiccation (d^i). Le choix de la plage de variation de chaque paramètre est essentiel. La température d'entrée de l'air côté régénération T_8 varie de 55 °C à 75 °C en deux pas ; l'humidité absolue d'entrée de l'air côté régénération ω_8 varie de $5\,\text{g}\cdot\text{kg}^{-1}$ à $20\,\text{g}\cdot\text{kg}^{-1}$ en trois pas. De même, la température d'entrée côté dessiccation T_1 varie de 35 °C à 45 °C en deux pas et l'humidité absolue d'entrée de l'air côté dessiccation, ω_1 varie, quant à elle, de 3 $\text{g}\cdot\text{kg}^{-1}$ à $18\,\text{g}\cdot\text{kg}^{-1}$ en trois pas. La Figure 2.13 (b) montre le domaine de variation de la température et de l'humidité absolue pour la sortie du côté régénération (r^o) et du côté de dessiccation (d^o).

La Figure 2.13 donne les domaines pour lesquels les modèles locaux ont été identifiés. Pour chaque domaine, on fait varier simultanément la température et l'humidité dans le but d'obtenir un modèle local pour chaque coté de la roue (c. à d. dessiccation et régénération).

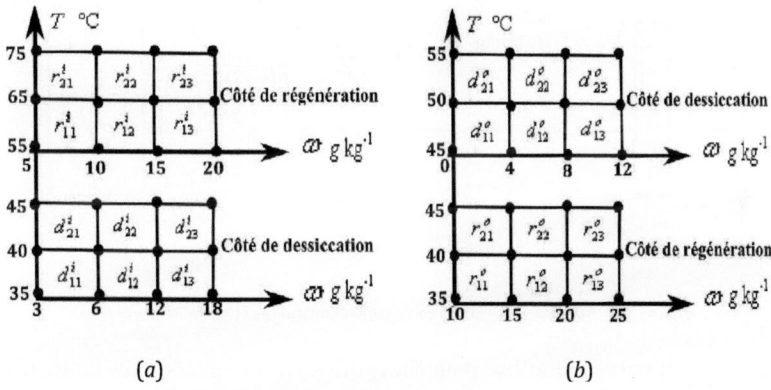

Figure 2.13. Protocole expérimental : a) domaines d'entrée b) domaines de sortie

2.5.1 Partie régénération de la roue dessicante

Pour la régénération, nous avons fait varier la puissance de la batterie d'appoint de régénération (BAR) et le débit d'eau injecté par l'humidificateur (HUM2). La Figure 2.14 montre le schéma général des commandes qui restent constantes (BEP et HUM1) et des commandes qui varient (BAR et HUM2). Celles-ci permettent de faire varier simultanément la température T_8 et l'humidité absolue ω_8 du côté régénération de la roue.

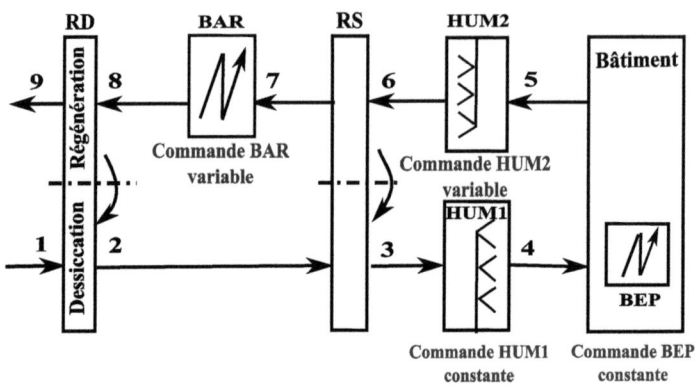

Figure 2.14. Schéma général des commandes constantes et variables de la CAD

Le protocole expérimental utilisé pour l'identification des paramètres du modèle de la partie régénération consiste en (Tableau 2.3) :

- utiliser la CTA, pour fixer les conditions d'air neuf (T_1, ω_1) à une température de 25°C et de 35°C et son humidité absolue à $10\,g \cdot kg^{-1}$ et à $15\,g \cdot kg^{-1}$;
- fixer la commande de la batterie électrique du plénum « BEP » à 50 %, c. à d. une puissance de 7,5 kW;
- fixer les commandes de « HUM1 » à 5, l/h 10 l/h et 25 l/h;
- faire varier la température de l'air de régénération T_8 de 55 °C à 75 °C en deux pas en utilisant la BAR ;
- faire varier l'humidité absolue de l'air de régénération ω_8 de $5\,g \cdot kg^{-1}$ à $20\,g \cdot kg^{-1}$ en trois pas.

Tableau 2.3. Protocole expérimental pour la variation de la commande de la batterie électrique (BAR) et de l'humidificateur (HUM2)

Variables		Commandes constantes		Conditions de l'air en entrée	
T_8 (°C)	ω_8 (g·kg^{-1})	BEP (%)	HUM1 (l/h)	T_1 (°C)	ω_1 (g·kg^{-1})
55 → 65 → 75	5 → 10 → 15 → 20	50	5	25	10
55 → 65 → 75	5 → 10 → 15 → 20	50	10	25	10
55 → 65 → 75	5 → 10 → 15 → 20	50	25	25	10
55 → 65 → 75	5 → 10 → 15 → 20	50	5	35	15
55 → 65 → 75	5 → 10 → 15 → 20	50	10	35	15
55 → 65 → 75	5 → 10 → 15 → 20	50	25	35	15

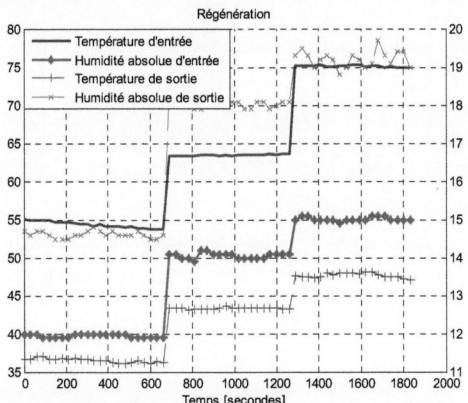

Figure 2.15. Variation temporelle de la température et de l'humidité absolue de l'entrée et de la sortie de la roue, côté régénération

La Figure 2.15 montre un résultat expérimental représentatif de la variation temporelle de l'entrée et de la sortie du côté de la régénération suivant le protocole du Tableau 2.3 et correspond aux domaines $\left(r_{12}^{i}, r_{22}^{i}\right)$ d'entrée et $\left(r_{12}^{o}, r_{22}^{o}\right)$ de sortie de la Figure 2.13. Une partie des résultats expérimentaux pour les domaines indiqués est donnée dans l'Annexe 1.

2.5.2 Partie dessiccation de la roue dessicante

Pour cette partie de l'expérimentation, nous avons fait varier les conditions de l'air à l'entrée de la roue dessicante du côté dessiccation (la température de l'air, T_1, et l'humidité absolue de l'air, ω_1) à l'aide de la CTA. La Figure 2.16 montre le schéma général de l'expérimentation. Les commandes de BAR, BEP, HUM1, et HUM2 ont elles été maintenues constantes.

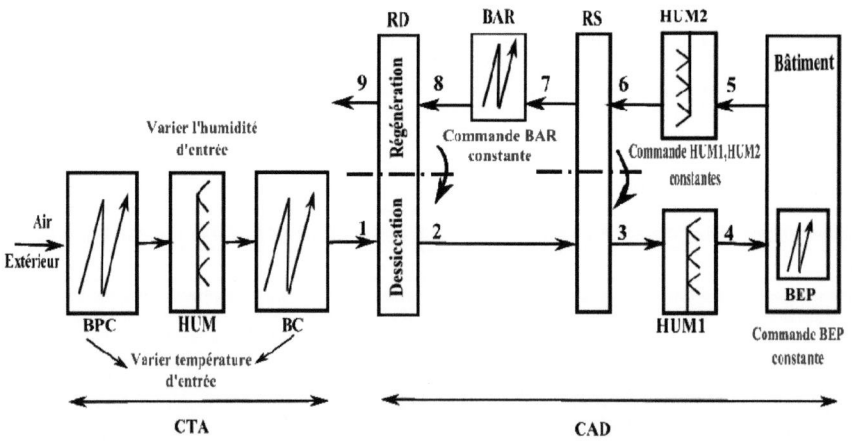

Figure 2.16. Schéma général de variation de la température et de l'humidité d'entrée (point 1)

Le protocole expérimental utilisé pour l'identification des paramètres du modèle pour la partie dessiccation consiste à (Tableau 2.4) :

- fixer les commandes de « HUM1 » et « HUM2 » à 5 l/h, 10 l/h et 25 l/h;
- fixer la commande de la BAR à 40 % puis à 60 %, ce qui correspond respectivement aux valeurs minimales et maximales de T_8 ;
- fixer la commande de la batterie électrique du plénum « BEP » à 50 % ; c. à d. une puissance de 7,5 kW;
- faire varier la température de l'air à l'entrée, T_1, de 35 °C à 45 °C en deux pas ;
- faire varier l'humidité absolue de l'air à l'entrée, ω_1, de 3 g·kg^{-1} à 18 g·kg^{-1} en trois pas.

Tableau 2.4. Protocole expérimental pour la variation des conditions d'air d'entrée T_1, ω_1

Conditions d'air variables		Commandes constantes			
T_1 (°C)	ω_1 (g·kg^{-1})	BEP (%)	BAR (%)	HUM1 (l/h)	HUM2 (l/h)
35→ 40 → 45	3→6→ 12 → 18	50	40	5	5
35→ 40 → 45	3→6→ 12 → 18	50	40	10	10
35→ 40 → 45	3→6→ 12 → 18	50	40	25	25
35→ 40 → 45	3→6→ 12 → 18	50	60	5	5
35→ 40 → 45	3→6→ 12 → 18	50	60	10	10
35→ 40 → 45	3→6→ 12 → 18	50	60	25	25

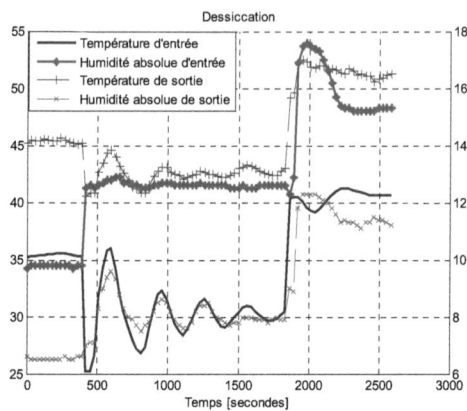

Figure 2.17. Variation temporelle de la température et de l'humidité absolue de l'entrée et de la sortie de la roue côté dessiccation

La Figure 2.17 montre un résultat expérimental représentatif de la variation temporelle de l'entrée et de la sortie pour la partition de dessiccation qui correspond au protocole expérimental donné dans le Tableau 2.4 et aux domaines (d_{13}^i, d_{23}^i) d'entrée et (d_{13}^o, d_{23}^o) de sortie de la Figure 2.13. Une partie des résultats expérimentaux est donnée dans l'Annexe 2.

2.6 Conclusion du chapitre

L'étude expérimentale a été menée pour la roue dessicante, l'élément le plus important du système de refroidissement par dessiccation.

Le protocole expérimental a été conçu pour permettre l'étude de la variation de la température et de l'humidité de l'air à l'entrée et à la sortie des deux partitions de la roue (la régénération et la dessiccation). Le domaine des variations est petit afin de permettre l'identification des paramètres des modèles linéaires.

Chapitre 3 : Modélisation de la roue dessicante

Dans ce chapitre on procède à la modélisation de la roue dessicante et à l'identification des paramètres inconnus du modèle de la roue grâce à l'utilisation des modèles de type boîte noire et de type boîte grise.

3.1 Principes de modélisation

Un modèle peut être obtenu par une approche de type boîte blanche, boîte noire ou boîte grise (Huang et al. 2006; Tashtoush et al. 2005; Wang et Xiao 2004). Les modèles de type boîte blanche (ou les modèles de connaissances) sont fondées sur des considérations théoriques ; on les trouve généralement dans les logiciels de simulation pour les bâtiments tels que TRNSYS (Murray et al. 2009). Ces modèles donnent une réponse précise et fiable si leurs paramètres sont parfaitement connus (Nia 2011). Mais pour des phénomènes complexes, il est difficile de construire un modèle de type boîte blanche en utilisant l'ajustement des paramètres en fonction de mesures in situ. Les modèles de type boîte noire représentent des relations entre les entrées et les sorties établies en utilisant une méthode de minimisation de l'erreur de prédiction ; ils sont généralement utilisés dans des applications pratiques de contrôle. L'avantage de ces modèles est que les paramètres sont ajustables en fonction des mesures expérimentales, mais l'inconvénient est l'absence de signification physique des paramètres qui fait que le modèle n'est pas valable au delà des conditions pour lesquelles les paramètres ont été identifiés Les modèles boîte grise ont la structure et certains des paramètres obtenus à partir de lois physiques et le reste des paramètres est obtenu à partir des expériences. Une approche de type boîte grise réduit le nombre de paramètres à identifier parce que, d'une part, elle révèle les paramètres indépendants et leurs interrelations et, d'autre part, elle met en évidence les paramètres qui ont des valeurs dérivées de considérations physiques.

Les équations qui décrivent les phénomènes de transfert de masse et d'énergie dans la roue dessicante sont non-linéaires. Pour des petites variations des entrées, ces équations peuvent être linéarisées. Les modèles linéaires continus peuvent être représentés dans le domaine temporel par des équations différentielles linéaires, ou dans le domaine des fréquences, par des fonctions de transfert.

Un modèle linéaire avec n entrées et une sortie peut être donné sous la forme :

$$y = \theta_0 + \theta_1 x_1 + \theta_2 x_2 + ... + \theta_n x_n \tag{3.1}$$

où y est la sortie, $x_1, x_2, ..., x_n$ sont les entrées, $\theta_1, \theta_2, ..., \theta_n$ sont les paramètres. Pour déterminer les paramètres $\theta_1, \theta_2, ..., \theta_n$ de l'équation (3.1) on a besoin de faire au moins n expériences. Les paramètres sont alors déterminés en résolvant un système à n équations :

$$\begin{aligned} y_1 &= \theta_0 + x_{11}\theta_1 + x_{12}\theta_2 + ... + x_{1n}\theta_n \\ y_2 &= \theta_0 + x_{21}\theta_1 + x_{22}\theta_2 + ... + x_{2n}\theta_n \\ &\vdots \\ y_n &= \theta_0 + x_{n1}\theta_1 + x_{n2}\theta_2 + ... + x_{nn}\theta_n \end{aligned} \tag{3.2}$$

où $y_i, i = 1, ..., n$ sont les n mesures de la sortie et $x_{i1}, ..., x_{in}, i = 1, ..., n$ sont les n mesures des entrées $x_1, ..., x_n$. En notant $\mathbf{y}^T = [y_1 \ ... \ y_n]^T$ le vecteur des n mesures de la sortie, $\mathbf{a}_1^T = [x_{11} \ ... \ x_{n1}]^T$ le vecteur des n mesures de l'entrée x_1, $\mathbf{a}_2^T = [x_{12} \ ... \ x_{n2}]^T$ le vecteur des n mesures de l'entrée x_2, ... , $\mathbf{a}_n^T = [x_{1n} \ ... \ x_{nn}]^T$ le vecteur des n mesures de l'entrée x_n, et $\mathbf{a}_0^T = [1 \ ... \ 1]^T$ le vecteur des n constantes égales à 1, le système d'équations (3.2) peut s'écrire sous forme matricielle :

$$\mathbf{y} = \mathbf{A}_C \times \boldsymbol{\theta} \tag{3.3}$$

où $\mathbf{A}_C = [\mathbf{a}_1^T \ ... \ \mathbf{a}_n^T]$ est la matrice d'information et $\boldsymbol{\theta} = [\theta_1 \ ... \ \theta_n]^T$ est le vecteur des paramètres à identifier. Quand le nombre d'expériences (c. à d. le nombre de lignes de la matrice $\mathbf{A}_C$) est plus grand que le nombre des paramètres $\boldsymbol{\theta}$, la matrice $\mathbf{A}_C$ est en général non inversible. C'est le cas quand les résultats des expériences ne vérifient pas exactement l'équation (3.3) à cause des erreurs de mesure ou éventuellement du caractère incomplet du modèle. Pour prendre en compte ces erreurs, un terme d'erreur $\mathbf{e}$ est alors ajouté à l'équation (3.3) :

$$\mathbf{y} = \mathbf{A}_C \times \boldsymbol{\theta} + \mathbf{e} \tag{3.4}$$

ou :

$$e = \hat{y} - y \tag{3.5}$$

où $\hat{y}$ est la valeur de la sortie calculée par le modèle, $\hat{y} = \mathbf{A}_C \times \mathbf{\theta}$, et y est la valeur de la sortie obtenue expérimentalement.

Les paramètres estimés $\hat{\theta}$ de l'équation (3.3) sont obtenus en minimisant de la somme des carrés des erreurs entre la prédiction du modèle $\hat{y}$ et les valeurs mesurées de la sortie y :

$$E(\mathbf{\theta}) = \mathbf{e}^T \times \mathbf{e} \tag{3.6}$$

où $\mathbf{e} = \mathbf{y} - \mathbf{A}_C \times \mathbf{\theta}$ est le vecteur d'erreur produit par un choix spécifique du vecteur des paramètres $\mathbf{\theta}$. Si $\mathbf{A}_C^T \times \mathbf{A}_C$ est non singulière, les paramètres estimés $\hat{\theta}$ sont uniques et donnés par :

$$\hat{\mathbf{\theta}} = \left(\mathbf{A}_C^T \times \mathbf{A}_C\right)^{-1} \times \mathbf{A}_C^T \times \mathbf{y} \tag{3.7}$$

3.1.1 Modèles de type boîte noire

Un modèle dynamique linéaire de type boîte noire peut être exprimé sous la forme de fonctions de transfert ou dans l'espace d'état. Les fonctions de transfert ont la forme générale :

$$H(s) = \frac{Y(s)}{X(s)} \tag{3.8}$$

où H est la fonction de transfert d'un système linéaire avec des paramètres constants, X est la transformée de Laplace associées à des conditions initiales nulles de l'entrée, Y est la transformée de Laplace associée à des conditions initiales nulles de la sortie, et s est la variable de Laplace.

Les fonctions de transfert sont largement utilisées dans le domaine de l'analyse et du contrôle des systèmes à une entrée et à une sortie. La méthode des fonctions de transfert est plutôt avantageuse pour les études dans le domaine fréquentiel, l'analyse de stabilité et le contrôle des systèmes en boucle fermée (Petrausch et Rabenstein 2005).

La représentation dans l'espace d'état quant à elle se présente comme une alternative aux fonctions de transfert. L'avantage de cette méthode par rapport aux fonctions de transfert est la facilité du passage entre les modèles SISO (une seule entrée et à une seule sortie), aux modèles MIMO (plusieurs entrées et à plusieurs sorties) (Schmid 2005).

Dans une représentation d'état, le système est décrit par deux équations, dont une détermine l'état du système et l'autre détermine la valeur de sortie du système (Romero et al. 2011).

Supposons un système avec le vecteur des entrées $u(t)$ et avec le vecteur des sorties $y(t)$. L'état du système est donné par la première dérivée du vecteur des variables d'état, notée $\dot{x}(t)$, qui dépend de l'état actuel du système et de l'entrée actuelle. La forme générale de cette présentation est alors :

$$\dot{x}(t) = Ax(t) + Bu(t)$$
$$y(t) = Cx(t) + Du(t)$$

(3.9)

où x est la variable d'état, **A** est la matrice du système qui montre comment l'état actuel $x(t)$ affecte le changement de l'état $\dot{x}(t)$, **B** est la matrice de contrôle qui détermine l'effet des entrées du système sur le changement d'état, **C** est la matrice de sortie qui donne la relation entre l'état du système et sa sortie, **D** est la matrice de connexion directe qui montre comment l'entrée du système influence directement la sortie ou la réponse du système étudié.

3.1.2 Modèles de type boîte grise

Un modèle de type boîte grise est un modèle mathématique qui s'appuie sur des connaissances physiques afin de déterminer certains de ses paramètres tandis que d'autres sont obtenus par identification en utilisant des données expérimentales.

Pour un système linéaire représenté par un modèle continu et en considérant que le bruit est négligeable, un modèle de type boîte grise peut être alors exprimé par le système d'équations différentielles du premier ordre suivant :

$$\dot{x} = Ax + Bu$$
$$y = Cx$$
(3.10)

Il est mis sous la forme discrète suivante :

$$\hat{x}(t+T_s) = F(\theta)\,x(t) + G(\theta)\,u(t)$$
$$y(t|\theta) = C\,x(t)$$
(3.11)

où T_s est le temps d'échantillonnage, F et G sont des matrices qui résultent de A et B, respectivement, par la discrétisation du modèle d'état continu.

Nous nous concentrons uniquement sur la roue dessicante. Son modèle pour un coté (dessiccation ou régénération) a deux entrées (température et humidité) et deux sorties (température et humidité) ; il peut être exprimé par un système d'équations dans l'espace d'état.

3.2 Modèle de la roue dessicante

3.2.1 Hypothèses

La Figure 3.1 montre la roue dessicante qui est un cylindre circulaire de profondeur L et de rayon r. Cette roue est constituée de canaux contenant un gel de silice, qui est un matériau dessicant (Figure 3.1b).

La roue dessicante tourne continuellement autour de son axe ; lors d'une rotation complète, chaque canal de la roue passe successivement du côté dessiccation (adsorption-dessiccation) et du côté régénération (désorption- régénération) (Figure 3.1a).

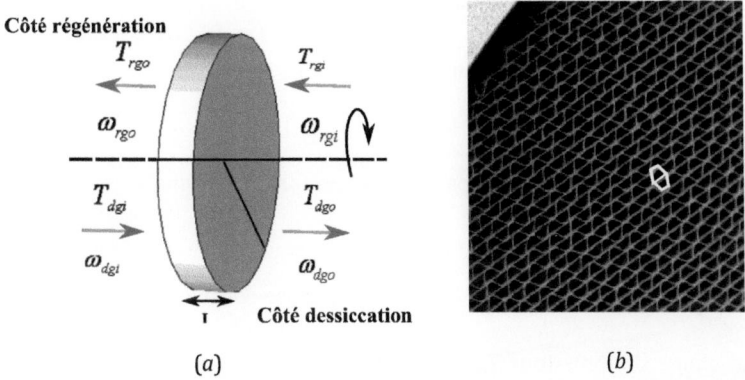

Figure 3.1. Roue dessicante : a) représentation simplifiée d'une roue ; b) détail de la vue latérale de la roue avec les canaux

Le modèle est construit pour une structure en nid d'abeille (Figure 3.2b). Considérant un volume de contrôle délimité par la section d'entrée de l'air, la section de sortie de l'air et les parois du canal (Figure 3.2a), des hypothèses préliminaires peuvent être prises pour le modèle de la roue dessicante (Heidarinejad et Pasdarshahri 2010; Narayanan et al. 2011; Zhang et al. 2003) :

- la diffusion et la dispersion de la vapeur d'eau dans la direction de l'écoulement de l'air sont négligées devant le transport convectif, ce qui implique que la teneur en eau dans le canal est homogène dans le volume de contrôle ;

- la diffusion moléculaire axiale dans le dessicant est négligeable, ce qui implique que l'humidité absolue de l'air est en équilibre avec le dessicant à saturation ;

- la diffusion de la chaleur et de la masse dans la direction radiale sont négligeables ;

- les propriétés thermodynamiques telles que le coefficient de transfert de masse et le coefficient de transfert de chaleur de l'air sont considérées constantes ;

- la géométrie du canal est identique tout au long de la roue cylindrique ;

- les parois du canal sont considérées adiabatiques et imperméables ;
- le nombre de Lewis pour l'air est pris égal à 1 ; par conséquent, les diffusivités thermique et massique sont égales ;
- les propriétés de l'air sont spatialement uniformes à l'entrée de la roue ;
- l'hystérésis de l'isotherme de sorption pour le revêtement dessicant est négligée et la chaleur d'adsorption est supposée constante ;
- la chute de pression dans la roue est faible par rapport à la pression atmosphérique et n'affecte pas la pression absolue de l'air ;
- le transfert de masse d'air entre les côtés de dessiccation et de régénération de la roue dessicante est négligeable.

Compte tenu de ces hypothèses, le modèle dynamique de la roue dessicante est unidimensionnel et les équations décrivant les phénomènes sont les mêmes pour les deux côtés de la roue : dessiccation et régénération. Par conséquent, la procédure de modélisation et la forme des modèles sont les mêmes pour les deux parties de la roue. Pour éviter les répétitions, les équations présentées ci-après sont considérées comme valables pour la régénération, notées avec l'indice « r », et pour la dessiccation, notées avec l'indice « d ».

3.2.2 Équations de bilan d'énergie et de masse de la roue dessicante

Le modèle de la roue dessicante est basé sur les équations de bilan d'énergie et de masse écrites pour un canal (Figure 3.2).

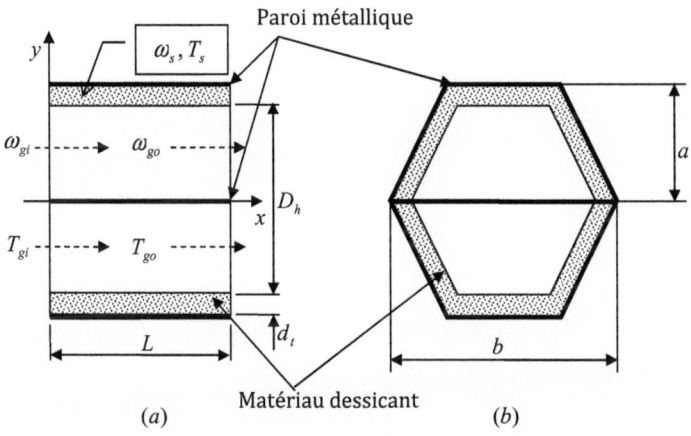

Figure 3.2. Vue d'un canal : a) latérale et b) en coupe

Équation de transfert de masse pour le courant d'air

L'équation de bilan de masse pour la teneur en eau de l'air à l'intérieur du canal s'écrit (Nia 2011) :

$$\frac{d(\rho_g \omega_{go} A_g L)}{dt} = U_g A_g \rho_g (\omega_{gi} - \omega_{go}) + h_m A_c (\omega_s - \omega_{go}) \quad (3.12)$$

où le terme de gauche est la variation de la masse de vapeur contenue dans le volume du canal et les termes du côté droit contiennent la différence entre la masse de vapeur entrant et sortant du canal (le premier terme) et la différence entre la masse de vapeur adsorbée (ou désorbée) par le matériau dessicant de la roue. En divisant l'équation (3.12) par le terme constant $\rho_g A_g L$, on obtient :

$$\frac{d\omega_{go}}{dt} = \frac{U_g}{L}(\omega_{gi} - \omega_{go}) + \frac{h_m A_c}{\rho_g A_g L}(\omega_s - \omega_{go}) \quad (3.13)$$

où h_m est le coefficient de transfert de masse (Heidarinejad et Pasdarshahri 2010):

$$h_m = \frac{h}{Le \cdot c_g} \tag{3.14}$$

où h est le coefficient de transfert de chaleur donné par (Heidarinejad et Pasdarshahri 2010):

$$h = \frac{Nu \cdot \kappa}{D_h} \tag{3.15}$$

Dans le cas où la géométrie du canal est en forme de nid d'abeille, l'expression suivante est utilisée pour estimer le diamètre hydraulique du canal (Narayanan et al. 2011):

$$D_h = a\left[1,0542 - 0,466 \cdot \left(\frac{a}{b}\right) - 0,1180 \cdot \left(\frac{a}{b}\right)^2 + 0,1794 \cdot \left(\frac{a}{b}\right)^3 - 0,043 \cdot \left(\frac{a}{b}\right)^4\right] \tag{3.16}$$

Équation de transfert de chaleur pour le courant d'air

L'équation de chaleur sensible à l'équilibre pour le courant d'air est :

$$\frac{d(\rho_g c_g A_g T_{go} L)}{dt} = U_g A_g \rho_g c_g (T_{gi} - T_{go}) + hA_c (T_s - T_{go}) \tag{3.17}$$

où le terme du côté gauche est la chaleur accumulée dans l'air contenu dans le volume du canal, le premier terme du côté droit est la variation de la chaleur sensible de l'air traversant le canal et le deuxième terme est la chaleur transférée du matériau dessicant à l'air. En divisant l'équation (3.17) par le terme constant $\rho_g C_g A_g L$, on obtient :

$$\frac{dT_{go}}{dt} = \frac{U_g}{L}(T_{gi} - T_{go}) + \frac{hA_c}{\rho_g c_g A_g L}(T_s - T_{go}) \tag{3.18}$$

Équation de transfert de masse pour la couche dessicante

La masse d'eau absorbée ou adsorbée par le matériau dessicant dans l'unité de temps s'exprime par :

$$\frac{d(\rho_d w A_d L)}{dt} = h_m A_c (\omega_{go} - \omega_s) \qquad (3.19)$$

En divisant l'équation (3.19) par le terme $\rho_d A_d L$, on obtient :

$$\frac{dw}{dt} = \frac{h_m A_c}{\rho_d A_d L}(\omega_{go} - \omega_s) \qquad (3.20)$$

Équation de transfert de chaleur pour la couche dessicante

La chaleur dégagée par l'adsorption ou la désorption d'eau s'exprime par :

$$\frac{d(\rho_d A_d L c_d T_s)}{dt} = Q_{sor} \rho_d A_d L \frac{dw}{dt} + h A_c (T_{go} - T_s) \qquad (3.21)$$

où le premier terme du côté droit de l'équation (3.21) représente la chaleur générée dans le matériau dessicant en raison de l'adsorption et le second terme représente la chaleur transférée à l'air par le matériau dessicant. En introduisant l'équation (3.20) dans l'équation (3.21), on obtient :

$$\frac{d(\rho_d A_d L c_d T_s)}{dt} = Q_{sor} \rho_d A_d L \frac{h_m A_c}{\rho_d A_d L}(\omega_{go} - \omega_s) + h A_c (T_{go} - T_s) \qquad (3.22)$$

Et finalement, en divisant l'équation (3.22) par le terme $\rho_d c_d A_d L$, on obtient :

$$\frac{dT_s}{dt} = \frac{h_m A_c Q_{sor}}{\rho_d A_d c_d L}(\omega_{go} - \omega_s) + \frac{h A_c}{c_d \rho_d A_d L}(T_{go} - T_s) \qquad (3.23)$$

Équation de transfert de masse pour la couche dessicante en fonction de l'humidité d'équilibre ω_s

La capacité d'adsorption d'un matériau dessicant ne dépend pas uniquement de l'humidité relative de l'air extérieur, mais aussi de la température de l'air. Pour cette raison, il faut que la relation entre la température de la couche d'adsorption et l'humidité relative de l'air soit connue en vue de déterminer la capacité d'adsorption.

Dans cette section, nous déduisons pour une combinaison donnée de température-humidité, une fonction de la capacité d'adsorption qui est écrite en fonction des paramètres $\omega_s, T_s, \omega_{go}$ et T_{go}.

La teneur en eau dans le matériau dessicant, w, dépend du potentiel d'adsorption, A, (G. Steich 1994):

$$w = 0{,}106 \exp\left[-\left(\frac{A}{8590}\right)^2\right] + 0{,}242 \exp\left[-\left(\frac{A}{3140}\right)^2\right] \quad (3.24)$$

Le potentiel d'adsorption, A, dépend de la température de la couche d'adsorption et de l'humidité relative de l'air, φ, (Cal 1995; Sheng et al. 1997) :

$$A = -RT_s \ln \varphi \quad (3.25)$$

La relation entre l'humidité absolue en équilibre avec le dessicant, ω_s, et l'humidité relative, φ, est exprimé par (Zhang et al. 2003) :

$$\varphi = \frac{\omega_s P_0}{(0{,}622 + \omega_s) P_s} \quad (3.26)$$

où la pression de vapeur saturante, P_s, est donnée par (Niu et Zhang 2002) :

$$P_s = 10^6 P_0 \left(\frac{1 + 1{,}61 \omega_s}{0{,}622 + \omega_s}\right) \exp\left(\frac{-5294}{T_s + 273{,}15}\right) \quad (3.27)$$

L'équation (3.24) permet le calcul de la teneur en eau du matériau dessicant en fonction de la température et l'humidité relative de l'air. De l'équation (3.24) il en résulte que la différentielle $w = f(T_s, \omega_s, \varphi)$ est une fonction de la température de saturation T_s, de l'humidité absolue de l'air en équilibre avec le dessicant à saturation ω_s et de l'humidité relative de l'air φ. Donc, la différentielle de w est :

$$dw = \frac{\partial w}{\partial \varphi}\left(\frac{\partial \varphi}{\partial \omega_s}d\omega_s + \frac{\partial \varphi}{\partial T_s}dT_s\right) + \frac{\partial w}{\partial T_s}dT_s \qquad (3.28)$$

ou bien :

$$dw = \frac{\partial w}{\partial \varphi}\frac{\partial \varphi}{\partial \omega_s}d\omega_s + \left(\frac{\partial w}{\partial \varphi}\frac{\partial \varphi}{\partial T_s} + \frac{\partial w}{\partial T_s}\right)dT_s \qquad (3.29)$$

En notant :

$$S_1(\omega_s, T_s) = \frac{\partial w}{\partial \varphi}\frac{\partial \varphi}{\partial \omega_s} \qquad (3.30)$$

et

$$S_2(\omega_s, T_s) = \frac{\partial w}{\partial \varphi}\frac{\partial \varphi}{\partial T_s} + \frac{\partial w}{\partial T_s} \qquad (3.31)$$

L'équation (3.29) devient :

$$dw = S_1(\omega_s, T_s)d\omega_s + S_2(\omega_s, T_s)dT_s \qquad (3.32)$$

La dérivée de la teneur en eau dans le matériau dessicant, w, en fonction de temps est alors de la forme :

$$\frac{dw}{dt} = S_1(\omega_s, T_s)\frac{d\omega_s}{dt} + S_2(\omega_s, T_s)\frac{dT_s}{dt} \qquad (3.33)$$

Forme finale des coefficients $S_1(\omega_s, T_s)$ **et** $S_2(\omega_s, T_s)$

La forme précédente pour les coefficients $S_1(\omega_s, T_s)$ et $S_2(\omega_s, T_s)$ ne peut pas être utilisée telle quelle dans le modèle dynamique final de la roue dessicante. Nous allons alors la réécrire sous une forme algébrique utilisable dans le modèle dynamique eu utilisant l'équation (3.24) pour le calcul de la teneur en eau pour un gel de silice.

- **Pour** $S_1(\omega_s, T_s)$:

On prend l'équation (3.24) obtenue précédemment, puis on remplace la valeur de A de l'équation (3.25) dans l'équation (3.24) :

$$w = 0{,}106 \exp\left[-\left(\frac{R^2 T_s^2 \ln^2 \varphi}{(8590)^2}\right)\right] + 0{,}242 \exp\left[-\left(\frac{R^2 T_s^2 \ln^2 \varphi}{(3140)^2}\right)\right] \qquad (3.34)$$

Dans l'équation précédente, nous remplaçons la valeur de φ de l'équation (3.26) en obtenant :

$$w = 0{,}106 \exp\left[-\left(\frac{R^2 T_s^2 \ln^2 \frac{\omega_s P_0}{(0{,}622+\omega_s)P_s}}{(8590)^2}\right)\right] + 0{,}242 \exp\left[-\left(\frac{R^2 T_s^2 \ln^2 \frac{\omega_s P_0}{(0{,}622+\omega_s)P_s}}{(3140)^2}\right)\right] \qquad (3.35)$$

La dérivée partielle de l'équation (3.35) en fonction de φ et de ω_s est sous la forme suivante :

$$S_1(\omega_s, T_s) = -0{,}106 \times \frac{2R^2 T_s^2 \ln \varphi}{(8590)^2 \varphi} \times \frac{P_0(0{,}622+\omega_s)P_s - P_s \omega_s P_0}{(0{,}622+\omega_s)^2 P_s^2} \times \exp\left[-\left(\frac{R^2 T_s^2 \ln^2 \frac{\omega_s P_0}{(0{,}622+\omega_s)P_s}}{(8590)^2}\right)\right]$$

$$- 0{,}242 \times \frac{2R^2 T_s^2 \ln \varphi}{(3140)^2 \varphi} \times \frac{P_0(0{,}622+\omega_s)P_s - P_s \omega_s P_0}{(0{,}622+\omega_s)^2 P_s^2} \times \exp\left[-\left(\frac{R^2 T_s^2 \ln^2 \frac{\omega_s P_0}{(0{,}622+\omega_s)P_s}}{(3140)^2}\right)\right] \qquad (3.36)$$

En réécrivant l'équation précédente on obtient :

$$S_1(\omega_s, T_s) = -2{,}9 \times 10^{-9} \times \frac{R^2 T_s^2}{\varphi}(\ln \varphi) \times \frac{0{,}622 P_0}{(0{,}622+\omega_s)^2 P_s} \times \exp\left[-\left(\frac{R^2 T_s^2 \ln^2 \varphi}{(8590)^2}\right)\right]$$

$$- 4{,}9 \times 10^{-8} \times \frac{R^2 T_s^2}{\varphi}(\ln \varphi) \times \frac{0{,}622 P_0}{(0{,}622+\omega_s)^2 P_s} \times \exp\left[-\left(\frac{R^2 T_s^2 \ln^2 \varphi}{(3140)^2}\right)\right] \qquad (3.37)$$

d'où la forme finale pour le coefficient $S_1(\omega_s, T_s)$:

$$S_1(\omega_s, T_s) = \left(2{,}9\times 10^{-9} A\frac{RT_s}{\varphi}\exp\left[-\left(\frac{A}{8590}\right)^2\right] + 4{,}9\times 10^{-8} A\frac{RT_s}{\varphi}\exp\left[-\left(\frac{A}{3140}\right)^2\right]\right)\left(\frac{0{,}622 P_0}{(0{,}622+\omega_s)^2 P_s}\right) \quad (3.38)$$

- **Pour** $S_2(\omega_s, T_s)$

On exprime la dérivée partielle de l'équation (3.24) en fonction de φ :

$$\frac{\partial w}{\partial \varphi} = \frac{-0{,}106}{(8590)^2}\times\frac{2R^2 T_s^2}{\varphi}(\ln\varphi)\times\exp\left[-\left(\frac{R^2 T_s^2 \ln^2\varphi}{(8590)^2}\right)\right] - \frac{0{,}242}{(3140)^2}\times\frac{2R^2 T_s^2}{\varphi}(\ln\varphi)\times\exp\left[-\left(\frac{R^2 T_s^2 \ln^2\varphi}{(3140)^2}\right)\right] \quad (3.39)$$

En remplaçant l'équation (3.25) dans l'équation (3.39), on obtient :

$$\frac{\partial w}{\partial \varphi} = -2{,}9\times 10^{-9}\frac{R^2 T_s^2}{\varphi}(\frac{-A}{RT_s})\times\exp\left[-\left(\frac{A^2}{(8590)^2}\right)\right] - 4{,}9\times 10^{-8}\frac{R^2 T_s^2}{\varphi}(\frac{-A}{RT_s})\times\exp\left[-\left(\frac{A^2}{(3140)^2}\right)\right] \quad (3.40)$$

ou bien :

$$\frac{\partial w}{\partial \varphi} = 2{,}9\times 10^{-9} A\frac{RT_s}{\varphi}\exp\left[-\left(\frac{A}{(8590)}\right)^2\right] + 4{,}9\times 10^{-8} A\frac{RT_s}{\varphi}\exp\left[-\left(\frac{A}{(3140)}\right)^2\right] \quad (3.41)$$

La dérivée partielle de l'équation (3.24) en fonction de T_s est :

$$\frac{\partial w}{\partial T_s} = \frac{-0{,}106}{(8590)^2}\times 2R^2 T_s \ln^2\varphi\times\exp\left[-\left(\frac{R^2 T_s^2 \ln^2\varphi}{(8590)^2}\right)\right] - \frac{0{,}242}{(3140)^2}\times 2R^2 T_s \ln^2\varphi\times\exp\left[-\left(\frac{R^2 T_s^2 \ln^2\varphi}{(3140)^2}\right)\right] \quad (3.42)$$

En remplaçant la valeur de A de l'équation (3.25) dans l'équation (3.42), on obtient :

$$\frac{\partial w}{\partial T_s} = -2{,}9\times 10^{-9} R^2 T_s (\ln\varphi)(\ln\varphi)\times\exp\left[-\left(\frac{A}{(8590)}\right)^2\right] - 4{,}9\times 10^{-8} R^2 T_s (\ln\varphi)(\ln\varphi)\times\exp\left[-\left(\frac{A}{(3140)}\right)^2\right] \quad (3.43)$$

En remplaçant la valeur de φ de l'équation (3.25) dans l'équation (3.43), on obtient :

$$\frac{\partial w}{\partial T_s} = -2{,}9\times 10^{-9} R^2 T_s (\frac{-A}{RT_s})(\ln\varphi)\times\exp\left[-\left(\frac{A}{(8590)}\right)^2\right] - 4{,}9\times 10^{-8} R^2 T_s (\frac{-A}{RT_s})(\ln\varphi)\times\exp\left[-\left(\frac{A}{(3140)}\right)^2\right] \quad (3.44)$$

ou :

$$\frac{\partial w}{\partial T_s} = 2{,}9\times 10^{-9} AR\ln\varphi \times \exp\left[-\left(\frac{A}{(8590)}\right)^2\right] + 4{,}9\times 10^{-8} AR\ln\varphi \times \exp\left[-\left(\frac{A}{(3140)}\right)^2\right] \quad (3.45)$$

En utilisant la relation entre l'humidité relative et la pression de vapeur saturante (X.J. Zhang et Y.J. Dai 2003) :

$$\varphi = \frac{10^{-6}\omega_s \exp\left(\frac{5294}{T_s + 273{,}15}\right)}{(1+1{,}61\omega_s)} \quad (3.46)$$

la dérivée de l'équation (3.46) pour T_s est :

$$\frac{\partial \varphi}{\partial T_s} = \frac{10^{-6}\omega_s \exp\left(\frac{5294}{T_s + 273{,}15}\right)}{(1+1{,}61\omega_s)} \times \frac{5294}{(T_s + 273{,}15)^2} \quad (3.47)$$

ou bien :

$$\frac{\partial \varphi}{\partial T_s} = \varphi \times \frac{5294}{(T_s + 273{,}15)^2} \quad (3.48)$$

En remplaçant les équations (3.41), (3.45) et (3.48) dans l'équation (3.31), on obtient la forme finale de $S_2(\omega_s, T_s)$:

$$S_2(\omega_s, T_s) = \left(2{,}9\times 10^{-9} A\frac{RT_s}{\varphi}\exp\left[-\left(\frac{A}{8590}\right)^2\right] + 4{,}9\times 10^{-8} A\frac{RT_s}{\varphi}\exp\left[-\left(\frac{A}{3140}\right)^2\right]\right)\left(\frac{5294\varphi}{T_s^2}\right) + \left(2{,}9\times 10^{-9} AR\ln\varphi \exp\left[-\left(\frac{A}{8590}\right)^2\right] + 4{,}9\times 10^{-8} AR\ln\varphi \exp\left[-\left(\frac{A}{3140}\right)^2\right]\right) \quad (3.49)$$

Enfin, l'équation du transfert de masse pour la couche dessicante devient (Nia 2011a) :

$$\frac{d\omega_s}{dt} = -\frac{S_2(\omega_s, T_s)}{S_1(\omega_s, T_s)}\frac{dT_s}{dt} + \frac{1}{S_1(\omega_s, T_s)}\frac{dw}{dt} \quad (3.50)$$

3.2.3 Description du modèle dynamique

Pour écrire le modèle dynamique de la roue dessicante sous la forme d'un modèle d'état, nous allons utiliser les équations de bilan d'énergie et de masse obtenues précédemment (équations (3.13), (3.18), (3.23) et (3.50)).

En notant :

$$C_1 = \frac{U_g}{L} \qquad (3.51)$$

et

$$C_2 = \frac{h_m A_c}{\rho_g L A_g} \qquad (3.52)$$

L'équation (3.13) s'écrit (Nia 2011a):

$$\frac{d\omega_{go}}{dt} = C_1(\omega_{gi} - \omega_{go}) + C_2(\omega_s - \omega_{go}) \qquad (3.53)$$

La relation entre la surface d'interface A_c et la section transversale d'écoulement d'air A_g du canal est :

$$\frac{A_c}{A_g} = \frac{2L}{\frac{D_h}{2}} \qquad (3.54)$$

D'une manière similaire, on note :

$$C_3 = \frac{hA_c}{\rho_g L A_g C_g} = Le\, C_2 \qquad (3.55)$$

où Le est le nombre de Lewis donné par (J.L. Niu et L.Z. Zhang 2002) :

$$Le = \frac{h}{h_m c_g} \qquad (3.56)$$

L'équation (3.18) devient :

$$\frac{dT_{go}}{dt} = C_1(T_{gi} - T_{go}) + C_3(T_s - T_{go}) \tag{3.57}$$

De même, l'équation du bilan thermique pour la couche dessicante solide (équation (3.23)) devient :

$$\frac{dT_s}{dt} = C_4 C_5 (\omega_{go} - \omega_s) + C_6 (T_{go} - T_s) \tag{3.58}$$

où C_4, C_5, C_6 sont :

$$C_4 = \frac{h_m A_c}{\rho_d A_d L} \tag{3.59}$$

et

$$C_5 = \frac{Q_{sor}}{c_d} \tag{3.60}$$

et

$$C_6 = \frac{h A_c}{c_d \rho_d A_d L} \tag{3.61}$$

La relation entre la surface d'interface A_c et la section transversale pour la couche dessicante A_c du canal est :

$$\frac{A_c}{A_d} = \frac{4 D_h L}{(D_h + d_t)^2 - D_h^2} \tag{3.62}$$

Finalement, l'équation de bilan de massique pour la couche dessicante solide (équation (3.50)) devient :

$$\frac{d\omega_s}{dt} = -\frac{S_2(\omega_s, T_s)}{S_1(\omega_s, T_s)} [C_4 C_5 (\omega_{go} - \omega_s) + C_6 (T_{go} - T_s)] + \frac{C_4}{S_1(\omega_s, T_s)} (\omega_{go} - \omega_s) \tag{3.63}$$

L'équation (3.63) peut être récrite comme :

$$f \equiv \frac{d\omega_s}{dt} = a_{11}\omega_s + a_{12}\omega_{go} + a_{13}T_{go} + a_{14}T_s \tag{3.64}$$

où $a_{11}, a_{12}, a_{13}, a_{14}$ sont les dérivées partielles en fonction de $\omega_s, T_s, \omega_{go}$ et T_{go}, respectivement. Ces paramètres sont donnés par :

$$a_{11} = \frac{\partial f}{\partial \omega_s} = -\frac{C_4}{S_1(\omega_s, T_s)} + \frac{S_2(\omega_s, T_s)}{S_1(\omega_s, T_s)} C_4 C_5, \tag{3.65}$$

$$a_{12} = \frac{\partial f}{\partial \omega_{go}} = \frac{C_4}{S_1(\omega_s, T_s)} - \frac{S_2(\omega_s, T_s)}{S_1(\omega_s, T_s)} C_4 C_5, \tag{3.66}$$

$$a_{13} = \frac{\partial f}{\partial T_{go}} = -\frac{S_2(\omega_s, T_s)}{S_1(\omega_s, T_s)} C_6, \tag{3.67}$$

et

$$a_{14} = \frac{\partial f}{\partial T_s} = +\frac{S_2(\omega_s, T_s)}{S_1(\omega_s, T_s)} C_6 \tag{3.68}$$

Les équations (3.53), (3.57), (3.58) et (3.64) forment le modèle dynamique de la roue dessicante.

3.2.4 Représentation dans l'espace d'état de la roue dessicante

La forme générale d'un modèle dans l'espace d'état est :

$$\dot{\mathbf{x}} = \mathbf{A}\mathbf{x} + \mathbf{B}\mathbf{u} \quad \text{avec} \quad \dot{\mathbf{x}} = \frac{d\mathbf{x}}{dt}$$
$$\mathbf{y} = \mathbf{C}\mathbf{x} + \mathbf{D}\mathbf{u} \tag{3.69}$$

où **A** est la matrice d'état, **B** est la matrice d'entrée, **C** est la matrice de sortie, **D** est la matrice de transfert direct. Les états **x** ainsi que la réponse **y** peuvent être calculés une fois que l'état initial et les entrées sont connus.

À partir des équations (3.53), (3.57), (3.58) et (3.64), la représentation d'état peut être obtenue en notant le vecteur d'état :

$$\mathbf{x} = [\omega_s \quad \omega_{go} \quad T_{go} \quad T_s]^T \tag{3.70}$$

le vecteur d'entrée :

$$\mathbf{u} = [\omega_{gi} \quad T_{gi}]^T \tag{3.71}$$

le vecteur de sortie :

$$\mathbf{y} = [\omega_{go} \quad T_{go}]^T \tag{3.72}$$

la matrice d'état $\mathbf{A}$:

$$\mathbf{A} = \begin{bmatrix} a_{11} & a_{12} & a_{13} & a_{14} \\ C_2 & -(C_1+C_2) & 0 & 0 \\ 0 & 0 & -(C_1+C_3) & C_3 \\ -C_4 C_5 & C_4 C_5 & C_6 & -C_6 \end{bmatrix} \tag{3.73}$$

la matrice d'entrée $\mathbf{B}$:

$$\mathbf{B} = \begin{bmatrix} 0 & 0 \\ C_1 & 0 \\ 0 & C_1 \\ 0 & 0 \end{bmatrix} \tag{3.74}$$

la matrice de sortie $\mathbf{C}$:

$$\mathbf{C} = \begin{bmatrix} 0 & 1 & 0 & 0 \\ 0 & 0 & 1 & 0 \end{bmatrix} \tag{3.75}$$

et la matrice de transfert direct $\mathbf{D}$:

$$\mathbf{D} = \begin{bmatrix} 0 & 0 \\ 0 & 0 \end{bmatrix} \tag{3.76}$$

L'ensemble des équations (3.53), (3.57), (3.58) et (3.64), peut être écrit dans l'espace d'état sous la forme

$$\dot{\mathbf{x}} = \mathbf{A}\mathbf{x} + \mathbf{B}\mathbf{u} \tag{3.77}$$

$$y = Cx$$

où

$$\begin{bmatrix} \dot{\omega}_s \\ \dot{\omega}_{go} \\ \dot{T}_{go} \\ \dot{T}_s \end{bmatrix} = \begin{bmatrix} a_{11} & a_{12} & a_{13} & a_{14} \\ C_2 & -(C_1+C_2) & 0 & 0 \\ 0 & 0 & -(C_1+C_3) & C_3 \\ -C_4C_5 & C_4C_5 & C_6 & -C_6 \end{bmatrix} \begin{bmatrix} \omega_s \\ \omega_{go} \\ T_{go} \\ T_s \end{bmatrix} + \begin{bmatrix} 0 & 0 \\ C_1 & 0 \\ 0 & C_1 \\ 0 & 0 \end{bmatrix} \begin{bmatrix} \omega_{gi} \\ T_{gi} \end{bmatrix} \quad (3.78)$$

avec l'équation de sortie :

$$\begin{bmatrix} \omega_{go} \\ T_{go} \end{bmatrix} = \begin{bmatrix} 0 & 1 & 0 & 0 \\ 0 & 0 & 1 & 0 \end{bmatrix} \begin{bmatrix} \omega_s \\ \omega_{go} \\ T_{go} \\ T_s \end{bmatrix} \quad (3.79)$$

Les équations (3.78) et (3.79) donnent la température et l'humidité de l'air à la sortie de la roue dessicante en fonction des variables d'entrées. Les coefficients qui ne sont pas sur la diagonale de la matrice d'état **A** prouvent que les états sont couplés, c'est à dire que le système est multi-entrée multi-sortie (MIMO). Les équations (3.64) - (3.68) montrent quant à elles, que le modèle est non linéaire.

3.2.5 Représentation d'état de la roue dessicante en fonction du paramètre C_2

Nous pouvons classer les paramètres des équations de bilan dans deux catégories : paramètres constants et paramètres variables. Les paramètres constants sont liés aux caractéristiques géométriques de la roue dessicante telles que C_1 et C_5. En revanche, les paramètres variables, $a_{11}, a_{12}, a_{13}, a_{14}, C_3, C_4, C_6$ et C_2 sont liés, quant à eux, aux coefficients de transfert de masse et de chaleur.

Nous pouvons écrire tous les paramètres variables en fonction d'un seul paramètre (ex. C_2). En substituant l'équation (3.54) dans l'équation (3.52) on obtient :

$$C_2 = \frac{4h_m}{\rho_g D_h} \tag{3.80}$$

ou bien la forme suivante du coefficient de transfert de masse h_m :

$$h_m = \frac{C_2 \rho_g D_h}{4} \tag{3.81}$$

Nous pouvons écrire les autres paramètres, $a_{11}, a_{12}, a_{13}, a_{14}, C_3, C_4, C_6$, en fonction de C_2. En prenant le nombre de Lewis Le égal à « 1 », l'équation (3.55) devient :

$$C_3 = C_2 \tag{3.82}$$

L'équation (3.59) s'écrit sous la forme :

$$C_4 = \frac{2h_m}{\rho_d d_t} \tag{3.83}$$

En remplaçant l'équation (3.81) dans l'équation (3.83), on obtient :

$$C_4 = \frac{\rho_g D_h C_2}{2\rho_d d_t} \tag{3.84}$$

ou

$$C_4 = k_1 C_2 \tag{3.85}$$

où k_1 est une constante donnée par :

$$k_1 = \frac{\rho_g D_h}{2\rho_d d_t} \tag{3.86}$$

En remplaçant les équations (3.14) et dans l'équation (3.61), on obtient :

$$C_6 = \frac{2h_m C_g}{C_d \rho_d d_t} \tag{3.87}$$

De la même manière, on substitue l'équation (3.81) dans l'équation (3.87) ce qui donne :

$$C_6 = \frac{\rho_g D_h C_g C_2}{2 C_d \rho_d d_t} \tag{3.88}$$

ou

$$C_6 = k_2 C_2 \tag{3.89}$$

où k_2 est une constante donnée par :

$$k_2 = \frac{\rho_g D_h C_g}{2 \rho_d C_d d_t} \tag{3.90}$$

Les termes de l'équation (3.64) peuvent maintenant être réécrits en tenant compte des paramètres C_3, C_4, C_6 obtenus précédemment. Le terme a_{11} de l'équation (3.64) est obtenu en substituant l'équation (3.85) dans l'équation (3.65) :

$$a_{11} = \left(-\frac{1}{S_1(\omega_s, T_s)} + \frac{S_2(\omega_s, T_s)}{S_1(\omega_s, T_s)} C_5\right) k_1 C_2 \tag{3.91}$$

ou, en forme plus compacte :

$$a_{11} = k_1 k_3 C_2 \tag{3.92}$$

où k_3 est une constante donnée par :

$$k_3 = \left(-\frac{1}{S_1(\omega_s, T_s)} + \frac{S_2(\omega_s, T_s)}{S_1(\omega_s, T_s)} C_5\right) \tag{3.93}$$

De la même manière, le deuxième terme a_{12} de l'équation (3.64) peut être donné par :

$$a_{12} = k_1 k_4 C_2 \tag{3.94}$$

où k_4 est une constante donnée par :

$$k_4 = \left(\frac{1}{S_1(\omega_s, T_s)} - \frac{S_2(\omega_s, T_s)}{S_1(\omega_s, T_s)} C_5\right) \tag{3.95}$$

et le troisième terme a_{13} de l'équation (3.64) peut être écrit en substituant l'équation (3.89) dans l'équation (3.67) :

$$a_{13} = -\frac{S_2(\omega_s, T_s)}{S_1(\omega_s, T_s)} k_2 C_2 \qquad (3.96)$$

ou sous une forme plus compacte :

$$a_{13} = k_2 k_5 C_2 \qquad (3.97)$$

où k_5 est une constante donnée par :

$$k_5 = -\frac{S_2(\omega_s, T_s)}{S_1(\omega_s, T_s)} \qquad (3.98)$$

Finalement, le coefficient a_{14} de l'équation (3.64) s'écrit :

$$a_{14} = k_2 k_6 C_2 \qquad (3.99)$$

où k_6 est une constante donnée par :

$$k_6 = +\frac{S_2(\omega_s, T_s)}{S_1(\omega_s, T_s)} \qquad (3.100)$$

Tous les paramètres variables figurants dans les équations de bilan de masse et de chaleur de la roue dessicante peuvent maintenant être exprimés en fonction d'un seul paramètre variable : C_2.

En analysant les équations (3.14) et (3.80), on observe que le paramètre variable C_2 reflète implicitement des coefficients tels que le coefficient de transfert de masse et du coefficient de transfert thermique. Nous pouvons maintenant représenter l'équation (3.77) en fonction du paramètre variable unique C_2 qui figure dans la matrice d'état **A**, avec les grandeurs obtenues dans les équations (3.82), (3.85), (3.89), (3.92), (3.94), (3.97), et (3.99). Ainsi, la forme finale du modèle d'état de la roue dessicante devient :

$$\begin{bmatrix} \dot{\omega}_s \\ \dot{\omega}_{go} \\ \dot{T}_{go} \\ \dot{T}_s \end{bmatrix} = \begin{bmatrix} k_1k_3C_2 & k_1k_4C_2 & k_2k_5C_2 & k_2k_6C_2 \\ C_2 & -(C_1+C_2) & 0 & 0 \\ 0 & 0 & -(C_1+C_2) & C_2 \\ k_1C_2C_5 & k_1C_2C_5 & k_2C_2 & k_2C_2 \end{bmatrix} \begin{bmatrix} \omega_s \\ \omega_{go} \\ T_{go} \\ T_s \end{bmatrix} + \begin{bmatrix} 0 & 0 \\ C_1 & 0 \\ 0 & C_1 \\ 0 & 0 \end{bmatrix} \begin{bmatrix} \omega_{gi} \\ T_{gi} \end{bmatrix} \quad \textbf{(3.101)}$$

On pourra utiliser cette représentation d'état de la roue dessicante pour déterminer les coefficients de transfert de masse et de chaleur et le nombre de Nusselt, une fois le coefficient C_2 est identifié expérimentalement.

3.3 Conclusion du chapitre

Dans ce chapitre nous avons obtenu deux formes du modèle d'état de la roue dessicante : la matrice A de l'équation (3.78) est une première forme du modèle d'état utile pour l'identification des paramètres de connaissance de la roue dessicante, en utilisant des modèles de type boîte noire et boîte grise, tandis que la matrice A de l'équation (3.101) est une forme du modèle d'état utile pour l'identification des coefficients de transfert thermique et de transfert de masse en utilisant le modèle de type boîte grise.

Ces modèles d'état seront utilisés pour l'identification des paramètres. Ensuite, ils seront validés expérimentalement. Ils serviront également à la simulation d'un système basé sur des modèles identifiables, dans le but d'élaborer une stratégie améliorée de contrôle-commande de la roue dessicante.

Chapitre 4 : Identification et validation des modèles

Ce chapitre est consacré à l'identification des paramètres du modèle de la roue dessicante en utilisant des approches de type boîte noire et boîte grise. La sélection du type de modèle le plus adéquat au contrôle - commande est discutée.

4.1 Indentification des paramètres

Avant de se lancer dans l'identification des paramètres d'un modèle, il faut trouver la structure du modèle. Les paramètres sont identifiés en minimisant l'écart entre la réponse du modèle et une référence qui est généralement constituée de données expérimentales.

L'identification des paramètres repose sur l'analyse de réponses temporelles ou fréquentielles observées directement sur le système soumis à des signaux d'entrée mesurés. L'identification paramétrique expérimentale repose donc sur l'utilisation des signaux d'entrée et de sortie du système réel.

Ces paramètres peuvent être estimés en utilisant une méthode graphique basée sur la réponse temporelle du système, à savoir la courbe de réponse du système. Cette méthode est souvent utilisée comme une première étape d'identification des paramètres. La méthode graphique ne peut donner qu'un ordre de grandeur des paramètres ainsi identifiés (Chicinas 2006).

Une autre méthode d'identification des paramètres est la méthode des réseaux de neurones. Les réseaux de neurones sont généralement optimisés par des méthodes d'apprentissage de type statistique. Cette méthode ne demande pas beaucoup de connaissance physique. Ainsi, il est difficile, voire impossible, de donner une signification physique aux résultats obtenus (Sando et al. 2005; Tu 1996).

On peut également identifier les paramètres avec des méthodes de la logique floue. Les modèles flous de type Sugeno (Takagi et Sugeno 1985) consistent en plusieurs lois de régression linéaire qui sont applicables à des différents intervalles du domaine des variables d'entrée. La procédure d'identification avec la logique floue consiste à :

- identifier les groupes flous sachant que le nombre de groupes peut être défini a priori ou déterminé grâce à un algorithme ;

- établir pour chaque groupe flou une relation linéaire entre les variables de sortie et les variables d'entrée ; cette deuxième phase peut contribuer à établir un modèle de type boîte grise.

4.2 Choix de la méthode d'identification

Les modèles utilisés dans les procédures d'identification des paramètres sont souvent classés en modèles de type boîte grise (semi-physique) ou en modèles de type boîte noire (non-physique). Les méthodes utilisées pour les deux modèles sont basées sur la minimisation des erreurs.

4.2.1 Modèles de type boîte noire

Les modèles de type boîte noire sont basés sur des données empiriques ; ils ne nécessitent pas la connaissance préalable de la physique du phénomène. Un modèle linéaire continu de type boîte noire peut être exprimé dans l'espace d'état sous la forme :

$$\dot{x} = Ax + Bu$$
$$y = Cx + Du$$
(4.1)

où : $A \in \Re^{n \times n}$, $B \in \Re^{n \times m}$, $C \in \Re^{l \times n}$, et $D \in \Re^{l \times m}$ sont, respectivement, les matrices d'état, de commande, d'observation et d'action directe, $y \in \Re^{l}$ est le vecteur des variables de sortie, et $u \in \Re^{m}$ est le vecteur des variables d'entrée ; $\Re$ est l'ensemble des nombres réels. Le nombre d'éléments n du vecteur d'état x est appelé ordre du modèle.

4.2.2 Modèles de type boîte grise

Les modèles de type boîte grise ont une structure qui provient de l'analyse physique. Certains de ses paramètres, c'est-à-dire une partie des éléments des matrices A, B et C de l'équation (4.2), sont obtenus par des considérations physiques et les autres paramètres sont estimés pour réduire l'écart entre la sortie du modèle et les mesures. Le modèle linéaire d'un système continu peut être écrit dans l'espace d'état. En considérant que le bruit est négligeable et qu'il n'y a pas d'action directe des entrées sur les sorties, le modèle d'état est :

$$\dot{x} = Ax + Bu$$
$$y = Cx \tag{4.2}$$

Nous choisirons les modèles de type boîte noire et de type boîte grise pour identifier les paramètres de la roue dessicante considéré comme un système MIMO (à plusieurs entrées et à plusieurs sorties).

4.3 Identification des paramètres de la roue dessicante

L'identification expérimentale des paramètres des modèles de la roue dessicante a été faite en faisant varier les entrées par échelons de 25% de leur plage maximale de variation. Ce choix permet d'obtenir un bon rapport signal / bruit. En utilisant les données expérimentales, nous avons identifié les paramètres des modèles d'état, c'est à dire les éléments des matrices A, B, C et D. Dans le cas des modèles de type boîte noire, tous les éléments de ces matrices sont déterminés par identification expérimentale. Dans le cas des modèles de type boîte grise, une partie des éléments est identifié expérimentalement, le reste étant déduit par l'analyse physique : les paramètres qui dépendent des coefficients de transfert de masse et de chaleur sont inconnus et déterminés par identification ; les paramètres donnés par les caractéristiques géométriques ou par certaines propriétés physiques de la roue dessicante sont connus et ne sont pas identifiés.

4.3.1 Identification des paramètres des modèles de type boîte noire

L'avantage majeur de modèles empiriques est qu'ils ne nécessitent pas une connaissance préalable des phénomènes physiques régissant le processus à modéliser. Toutefois, l'inconvénient est que la précision du modèle dépend de l'abondance des données utilisées et une extrapolation du modèle en dehors du domaine utilisé pour l'identification des paramètres n'est possible que pour les modèles linéaires (Romero et al. 2011).

Après que les entrées et les sorties du modèle soient définies et que les données d'identification soient collectées, l'étape suivante consiste à estimer les paramètres du modèle. Le modèle utilisé pour le contrôle-commande doit faire un compromis entre la simplicité de la structure et le degré de précision.

Dans une représentation d'état de type boîte noire, tous les éléments des quatre matrices **A, B, C, D** sont inconnues. Le processus d'optimisation donnera les valeurs des paramètres de ces matrices qui minimisent l'écart entre la sortie du modèle et les valeurs mesurées expérimentalement.

Pour identifier les paramètres des modèles de type boîte noire, nous avons utilisé la méthode itérative de minimisation de l'erreur de prédiction (Prediction Error Methods PEM). L'identification est faite pour les modèles locaux pour les différents domaines de variation de la température et l'humidité absolue de la roue dessicante (Figure 2.13). Pour un système linéaire représenté par un modèle continu et en considérant que le bruit est négligeable, la méthode PEM peut être exprimée par les équations suivantes (Qingchang 1990):

$$\mathbf{e}(t) = \mathbf{H}^{-1}(q)\left[\mathbf{y}(t) - \mathbf{G}(q)\mathbf{u}(t)\right] \quad (4.3)$$

où $\mathbf{e}(t)$ est le vecteur des erreurs entre la sortie $\mathbf{y}(t)$ et la prédiction pour les vecteurs des variables d'entrées $\mathbf{u}(t)$. **G** et **H** sont des matrices qui résultent de **u** et **y**, et q est l'opérateur de décalage.

Les paramètres inconnus de **G** et **H** sont estimés en minimisant l'erreur de prédiction :

$$V_N(\mathbf{G}, \mathbf{H}) = \left[\sum_{t=1}^{N} \mathbf{e}^2(t)\right] \quad (4.4)$$

où $V_N(G,H)$ est une valeur scalaire, N est la longueur des données observées. Sur la base de cette méthode, nous pouvons obtenir les paramètres des modèles locaux linéaires.

Les Tableau 4.1 et 4.2 donnent les paramètres obtenus en utilisant la méthode PEM pour l'un des modèles locaux pour les côtés dessiccation et régénération, respectivement.

Tableau 4.1. Valeurs des paramètres identifiés en utilisant le modèle de type boîte noire pour le modèle local $\left(d_{13}^o, d_{23}^o\right)$ de la Figure 2.13 pour le côté dessiccation

$$A = \begin{bmatrix} 9{,}305\times10^{-1} & 4{,}231\times10^{-2} & -9{,}788\times10^{-2} & -1{,}24\times10^{-2} \\ 2{,}256\times10^{-1} & 8{,}361\times10^{-1} & 1{,}589\times10^{-1} & 6{,}757\times10^{-2} \\ 2{,}246\times10^{-1} & -1{,}540\times10^{-1} & 4{,}504\times10^{-1} & -7{,}275\times10^{-1} \\ 1{,}918\times10^{-1} & -8{,}716\times10^{-2} & -1{,}074\times10^{-1} & 4{,}299\times10^{-1} \end{bmatrix} \qquad B = \begin{bmatrix} -1{,}025\times10^{-1} & -2{,}496\times10^{-2} \\ 2{,}649\times10^{-1} & 9{,}636\times10^{-2} \\ -9{,}561\times10^{-1} & -2{,}641\times10^{-1} \\ -6{,}052\times10^{-1} & -1{,}834\times10^{-1} \end{bmatrix}$$

$$C = \begin{bmatrix} 4{,}332 & 0{,}502 & -0{,}328 & -0{,}143 \\ -15{,}963 & 0{,}149\times10^{-2} & 5{,}578\times10^{-2} & -9\times10^{-1} \end{bmatrix} \qquad D = \begin{bmatrix} 0 & 0 \\ 0 & 0 \end{bmatrix}$$

Tableau 4.2. Valeurs des paramètres identifiés en utilisant le modèle de type boîte noire pour le modèle local $\left(r_{12}^o, r_{22}^o\right)$ de la Figure 2.13 pour le côté régénération

$$A = \begin{bmatrix} 8{,}426\times10^{-1} & 3{,}896\times10^{-1} & 9{,}616\times10^{-2} & 4{,}501\times10^{-1} \\ -4{,}167\times10^{-1} & 5{,}673\times10^{-1} & 3{,}013\times10^{-2} & 1{,}993\times10^{-1} \\ -1{,}170\times10^{-1} & 8{,}495\times10^{-2} & 9{,}055\times10^{-1} & -2{,}901\times10^{-1} \\ -1{,}943\times10^{-1} & 6{,}232\times10^{-1} & -3{,}627\times10^{-1} & -5{,}799\times10^{-1} \end{bmatrix} \qquad B = \begin{bmatrix} -9{,}488\times10^{-1} & -1{,}569\times10^{-1} \\ 1{,}521 & -2{,}068\times10^{-1} \\ 1{,}947\times10^{-2} & 6{,}369\times10^{-2} \\ -1{,}068 & 5{,}012\times10^{-1} \end{bmatrix}$$

$$C = \begin{bmatrix} -1{,}116\times10^{-1} & -1{,}580\times10^{-2} & 1{,}748 & -4{,}854\times10^{-1} \\ -1{,}250\times10^{-2} & 4{,}473\times10^{-1} & 1{,}927 & -8{,}767\times10^{-2} \end{bmatrix} \qquad D = \begin{bmatrix} 0 & 0 \\ 0 & 0 \end{bmatrix}$$

L'ensemble des résultats des paramètres identifiés en utilisant le modèle de type boîte noire pour les autres modèles locaux et globaux sont données dans l'Annexe 3 pour le côté dessiccation et dans l'Annexe 4 pour le côté régénération.

La comparaison des valeurs des paramètres identifiés (Tableau 4.1 et Tableau 4.2) montre que les valeurs obtenues pour les matrices D sont identiques, tandis que les valeurs des éléments des matrices A, B et C sont très différents entre le côté dessiccation et le côté régénération. On peut noter que même si l'approche boîte noire donne des résultats qui correspondent aux données expérimentales, les paramètres n'ont pas de signification physique. L'analyse physique révèle que les éléments $a_{23}, a_{24}, a_{31}, a_{32}$ de la matrice **A**, les éléments $b_{11}, b_{12}, b_{22}, b_{31}, b_{41}, b_{42}$ de la matrice **B** et les éléments $c_{11}, c_{13}, c_{14}, c_{21}, c_{22}, c_{24}$ de la matrice **C** ont une valeur nulle, tandis que l'identification des paramètres du modèle de type boîte noire donne des valeurs non nulles pour l'ensemble de ces paramètres. Nous pouvons également noter que les valeurs des paramètres obtenus pour le côté dessiccation (Tableau 4.1) sont différentes de celles obtenues pour le côté régénération (Tableau 4.2). Pour résoudre ce problème, on utilise une structure de modèle de type boîte grise.

4.3.2 Identification les paramètres en utilisant le modèle de type boîte grise

Dans le modèle de type boîte grise, les paramètres inconnus (c'est à dire les paramètres qui ne peuvent pas être directement calculés à partir de la connaissance physique) sont identifiés expérimentalement. Un exemple simple peut montrer la différence entre l'approche boîte noire et l'approche boîte grise. Supposant un modèle linéaire pour le transfert de chaleur :

$$q_{12} = K(\theta_1 - \theta_2) \tag{4.5}$$

où θ_1 et θ_2 sont les températures aux points 1 et 2, K la conductance entre ces points et q_{12} le flux de chaleur du point 1 au point 2. Si nous utilisons la méthode des moindres carrés pour ajuster les données expérimentales pour un modèle linéaire de la forme :

$$y = ax + b \tag{4.6}$$

où $x \equiv \theta_1 - \theta_2$ et $y \equiv q_{12}$, nous obtenons très probablement $b \neq 0$, ce qui n'a aucun sens physique (cela signifie qu'il y a un flux thermique non nul même si la différence de température est nulle). Dans une approche boîte grise, nous allons utiliser la connaissance physique de la loi de la conduction thermique pour écrire le modèle sous la forme $y = ax$. Même si le degré de précision du modèle, mesuré, par exemple, par le coefficient de détermination R^2, sera moins bon que dans le cas précédent (boîte noire), le paramètre du modèle aura une signification physique claire.

Pour identifier les paramètres des matrices du modèle de type boîte grise, nous avons choisi la méthode de recherche itérative de Gauss-Newton qui utilise le principe du maximum de vraisemblance. L'identification est faite pour tout le domaine de variation de la température et de l'humidité absolue pour les deux côtés de la roue dessicante, c'est-à-dire pour tous les modèles locaux et globaux du côté dessiccation et du côté régénération de la roue.

Le modèle :

$$\dot{\mathbf{x}} = \mathbf{A}\mathbf{x} + \mathbf{B}\mathbf{u}$$
$$\mathbf{y} = \mathbf{C}\mathbf{x} \tag{4.7}$$

peut être mis sous la forme discrète :

$$\hat{\mathbf{x}}(t+T_s) = \mathbf{F}(\theta)\,\mathbf{x}(t) + \mathbf{G}(\theta)\,\mathbf{u}(t)$$
$$\mathbf{y}(t|\theta) = \mathbf{C}\,\mathbf{x}(t) \tag{4.8}$$

où T_s est le temps d'échantillonnage et $\mathbf{F}$ et $\mathbf{G}$ sont des matrices qui résultent de $\mathbf{A}$ et $\mathbf{B}$, respectivement, par la discrétisation du modèle continu. La notation $t|\theta$ signifie que y est en fonction de t et du paramètre θ. Les paramètres inconnus θ sont estimés en minimisant l'erreur de prédiction (Ljung 1999; Parrilo et Ljung 2003; Wernholt 2004) :

$$V_N(\theta) = \sum_{k=1}^{N}[y(t+kT_s) - \hat{y}(t+kT_s|\theta)]^2 \tag{4.9}$$

par rapport à θ. Le minimum global de cette équation quadratique, $\hat{\theta}_N$, se trouve en utilisant la méthode de recherche itérative de Gauss-Newton,

$$\hat{\theta}_N^{(i+1)} = \hat{\theta}_N^{(i)} + \mu \mathbf{R}_N^{(i)} V_N \hat{\theta}_N^{(i)} \tag{4.10}$$

où $\mathbf{R}_N^{(i)}$ est la matrice de gain et μ est un facteur utilisé pour normaliser le gain.

Considérons le modèle dans l'espace d'état de la roue dessicante, obtenu dans le Chapitre 3 sous la forme suivante :

$$\begin{bmatrix} \dot{\omega}_s \\ \dot{\omega}_{go} \\ \dot{T}_{go} \\ \dot{T}_s \end{bmatrix} = \begin{bmatrix} a_{11} & a_{12} & a_{13} & a_{14} \\ C_2 & -(C_1+C_2) & 0 & 0 \\ 0 & 0 & -(C_1+C_3) & C_3 \\ -C_4 C_5 & C_4 C_5 & C_6 & -C_6 \end{bmatrix} \begin{bmatrix} \omega_s \\ \omega_{go} \\ T_{go} \\ T_s \end{bmatrix} + \begin{bmatrix} 0 & 0 \\ C_1 & 0 \\ 0 & C_1 \\ 0 & 0 \end{bmatrix} \begin{bmatrix} \omega_{gi} \\ T_{gi} \end{bmatrix} \qquad (4.11)$$

Dans le modèle continu donné par le système d'équations (4.11), certains des paramètres sont égaux à zéro, certains ont des valeurs connues (C_1 et C_5) tandis que tous les autres doivent être identifiés ($a_{11}, a_{12}, a_{13}, a_{14}, C_3, C_4, C_6$ et C_2).

Notre protocole expérimental permet d'obtenir des modèles locaux linéaires pour les différents domaines de la Figure 2.13. Dans ce cas, toutes les modèles locaux, obtenus sur chaque côté de la roue, sont identiques. Par conséquent, on peut considérer que le modèle de type boîte grise est valable pour tous les modèles locaux qui sont sur le même côté de la roue dessicante. Ainsi, les modèles locaux peuvent être remplacés par deux modèles globaux pour identifier les paramètres avec la structure du modèle donnée par l'approche de type boîte grise : un pour le côté dessiccation et l'autre pour le côté régénération de la roue dessicante.

Les résultats sont montrés dans les Tableaux 4.3 et 4.4. On peut noter que les paramètres obtenus pour le modèle du côté dessiccation (Tableau 4.3) sont très similaires aux paramètres du modèle du côté régénération (Tableau 4.4), contrairement au cas de l'approche boîte noire.

Tableau 4.3. Valeurs des paramètres du modèle global, pour le domaine $\left(d_{12}^o : d_{23}^o\right)$, identifiés par l'approche boîte grise pour le côté dessiccation

$$A = \begin{bmatrix} -7,920\times10^{-3} & 7,920\times10^{-3} & 4,854\times10^{-5} & -4,854\times10^{-5} \\ +3,586 & -1,637\times10^{-1} & 0 & 0 \\ 0 & 0 & -1,637\times10^{-1} & +3,586 \\ -1,976\times10^{-1} & 1,976\times10^{-1} & 7,655\times10^{-2} & -7,655\times10^{-2} \end{bmatrix} \quad B = \begin{bmatrix} 0 & 0 \\ 3,750 & 0 \\ 0 & 3,750 \\ 0 & 0 \end{bmatrix}$$

$$C = \begin{bmatrix} 0 & 1 & 0 & 0 \\ 0 & 0 & 1 & 0 \end{bmatrix} \quad D = \begin{bmatrix} 0 & 0 \\ 0 & 0 \end{bmatrix}$$

Tableau 4.4. Valeurs des paramètres du modèle global, pour le domaine $\left(r_{11}^o : r_{23}^o\right)$, identifiés par l'approche boîte grise pour le côté régénération

$$A = \begin{bmatrix} -8,384\times10^{-3} & 8,384\times10^{-3} & 8,822\times10^{-5} & -8,822\times10^{-5} \\ +3,830 & 8,009\times10^{-2} & 0 & 0 \\ 0 & 0 & 8,009\times10^{-2} & +3,830 \\ -2,110\times10^{-1} & 2,110\times10^{-1} & 8,176\times10^{-2} & -8,176\times10^{-2} \end{bmatrix} \quad B = \begin{bmatrix} 0 & 0 \\ 3,750 & 0 \\ 0 & 3,750 \\ 0 & 0 \end{bmatrix}$$

$$C = \begin{bmatrix} 0 & 1 & 0 & 0 \\ 0 & 0 & 1 & 0 \end{bmatrix} \quad D = \begin{bmatrix} 0 & 0 \\ 0 & 0 \end{bmatrix}$$

La comparaison des valeurs des paramètres identifiés (Tableau 4.3 et Tableau 4.4) montre que les valeurs de matrices **B**, **C** et **D** sont identiques. Cependant, il y a des différences pour les valeurs des éléments de la matrice **A** en raison des différences entre la température de l'air et de l'humidité absolue à la saturation entre la dessiccation et la régénération.

4.4 Validation des paramètres de la roue dessicante par les deux méthodes

Dans cette section, on présente la validation des paramètres identifiés pour le modèle de la roue dessicante en comparant les résultats des modèles de type boîte noire et boîte grise. On traite d'abord le côté de la dessiccation et ensuite le côté de la régénération. Enfin, ont fait une analyse en utilisant le coefficient de détermination pour chaque méthode d'identification.

Pour chaque méthode d'identification (c. à d. boîte noire et boîte grise), trois modèles locaux ont été obtenus pour le côté régénération et trois modèles locaux pour le côté dessiccation. Sur la Figure 2.13, ces domaines correspondent à (d_{11}^o, d_{21}^o), (d_{12}^o, d_{22}^o) et (d_{13}^o, d_{23}^o) pour le côté dessiccation et (r_{11}^o, r_{21}^o), (r_{12}^o, r_{22}^o) et (r_{13}^o, r_{23}^o) pour le côté régénération.

Un modèle global (c.-à-d pour l'ensemble des domaines considérés) a également été obtenu pour les modèles de type boîte noire et pour les modèles de type la boîte grise.

4.4.1 Validation des paramètres du côté de dessiccation

La validation des modèles de type boîte noire et boîte grise a été faite en comparant les données expérimentales avec les sorties du modèle dynamique pour tout les domaines investigués dans le protocole expérimental (Figure 2.13).

La validation pour les deux modèles (boîte noire et boîte grise) est menée en testant les deux modèles globaux sur tous les domaines expérimentaux pour le côté dessiccation et côté régénération. La Figure 4.1 (a) montre les résultats de la simulation par rapport aux données expérimentales de la température et de l'humidité absolue en sortie de la roue dessicante pour un des modèles locaux de type boîte noire. La Figure 4.1 (b) montre le même type de résultats pour un des modèles locaux de type boîte grise, du côté de la dessiccation. On peut noter que dans les deux cas, les modèles identifiés sont capables de s'adapter à la tendance générale des résultats expérimentaux. La Figure 4.1 montre que les réponses du modèle boîte noire sont meilleures que ceux du modèle boîte grise du côté dessiccation en ce qui concerne les régimes stationnaires et dynamiques. L'erreur quadratique moyenne sur la Figure 4.1 (a) est de 2,4 % pour l'humidité absolue et de 2,5 % pour la température du modèle boîte noire. L'erreur quadratique moyenne sur la Figure 4.1 (b) est de 4,8 % pour l'humidité absolue et de 4,2 % pour la température du modèle boîte grise.

Dans les Annexes 5 et 6 on trouve les résultats obtenus pour certains modèles locaux en utilisant les modèles de type boîte noire et de type boîte grise du côté de la dessiccation.

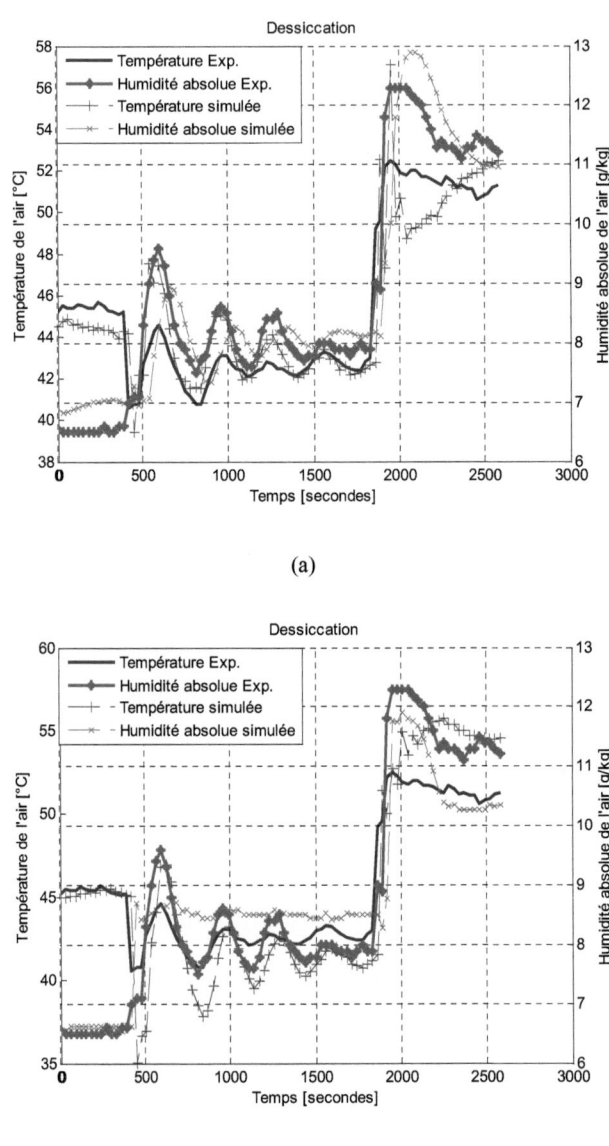

Figure 4.1. Comparaison entre les résultats expérimentaux et les prédictions du modèle pour le domaine $\left(d_{13}^{o}, d_{23}^{o}\right)$ du côté dessiccation: a) boîte noire b) boîte grise

4.4.2 Validation des paramètres du côté de régénération

La validation des paramètres des modèles de la roue dessicante du côté de la régénération est menée en utilisant le même principe que celui utilisé du côté de la dessiccation. Les deux modèles globaux sont testés pour toute la gamme de variation des modèles locaux de côté de la régénération de la roue dessicante (Figure 2.13).

La Figure 4.2 (a) présente les résultats de la simulation par rapport aux données expérimentales de la température et de l'humidité absolue en sortie de la roue dessicante pour un des modèles locaux de type boîte noire. La Figure 4.2 (b) présente les résultats similaires pour le modèle local de type boîte grise. Les Annexes 7 et 8 montrent les résultats pour certains modèles locaux obtenus pour des structures de modèles de type boîte noire et boîte grise pour le côté régénération.

On peut voir sur la Figure 4.2 (a) que la réponse du modèle boîte noire est oscillante alors que la réponse du modèle boîte grise sur la Figure 4.2 (b) est une réponse apériodique. L'identification des paramètres par la boîte grise pour un modèle d'état semble donner des résultats acceptables pour les composantes stationnaires et dynamiques. En revanche, l'identification des paramètres par la boîte noire donne des résultats acceptables pour la composante dynamique. Pour la boîte noire, l'erreur quadratique moyenne sur la Figure 4.2 (a) est de 3,9 % pour l'humidité absolue et de 4,2 % pour la température. Pour la boîte grise, l'erreur quadratique moyenne sur la Figure 4.2 (b) est de 2,4 % pour l'humidité absolue et de 2,3 % pour la température.

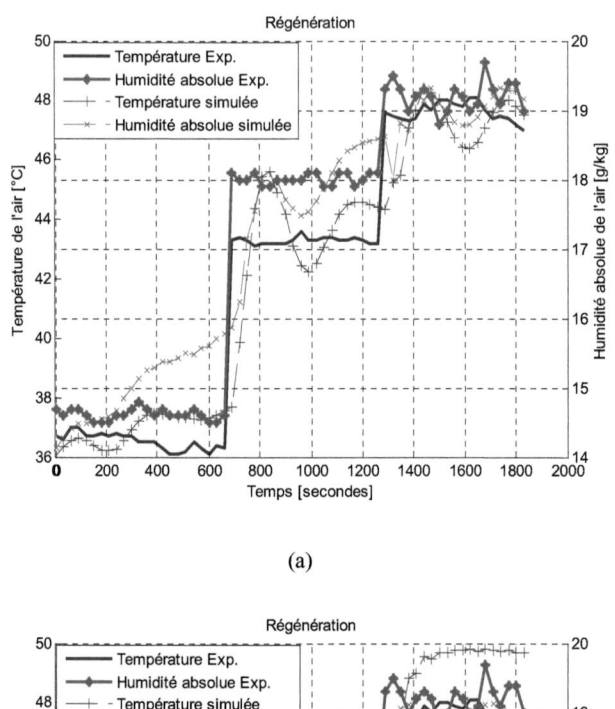

(a)

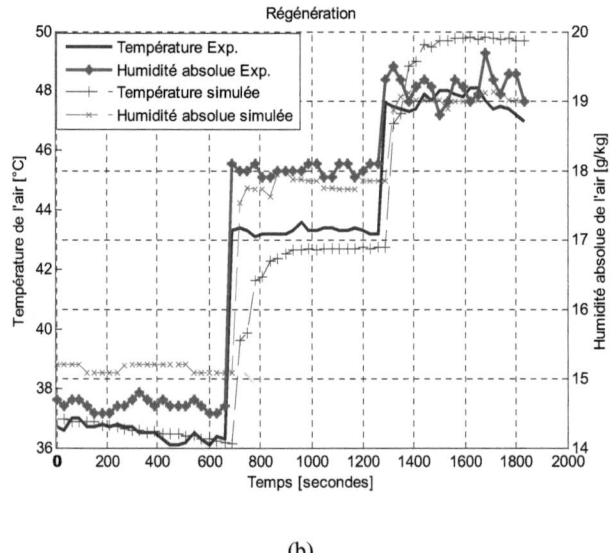

(b)

Figure 4.2. Comparaison entre les résultats expérimentaux et les prédictions du modèle pour le domaine $\left(r_{12}^o, r_{22}^o\right)$ du côté de la régénération : a) boîte noire ; b) boîte grise

Les Figures 4.1 et 4.2 montrent que la différence entre les modèles et les données mesurées est d'environ 5%, en moyenne. Aux fins de contrôle, cette différence est acceptable puisque la boucle de feed-back réduit l'erreur de modélisation (Dorf and Bishop 1998). Ces résultats ont été obtenus en utilisant des capteurs industriels habituellement utilisés dans de tels systèmes.

Si on compare les Figures 4.1 et 4.2, on peut dire que les résultats des réponses stationnaires et dynamiques pour le modèle local (r_{12}^o, r_{22}^o) en utilisant un modèle de type boîte grise sont plus proches des résultats expérimentaux que les résultats avec le modèle de type boîte noire du côté de régénération. À l'inverse, les résultats des réponses stationnaires et dynamiques pour le modèle local (d_{13}^o, d_{23}^o) en appliquant le modèle de type boîte noire sont plus proches des résultats expérimentaux que les résultats avec le modèle de type boîte grise du côté dessiccation. Ce résultat s'applique à tous les modèles locaux qui sont dans le même côté de la roue dessicante.

4.4.3 Validation par le coefficient de détermination R^2

Un indicateur global de la qualité d'un modèle de prédiction est donné par le coefficient de détermination :

$$R^2 = \frac{(\hat{\mathbf{y}} - \overline{\mathbf{y}})^T (\hat{\mathbf{y}} - \overline{\mathbf{y}})}{(\mathbf{y} - \overline{\mathbf{y}})^T (\mathbf{y} - \overline{\mathbf{y}})} \tag{4.12}$$

où **y** est le vecteur des sorties mesurées, $\overline{\mathbf{y}}$ est le vecteur de la moyenne des sorties mesurées et $\hat{\mathbf{y}}$ est le vecteur des sorties estimées.

Le Tableau 4.5 présente les valeurs du coefficient R^2 pour les modèles locaux et globaux pour les deux côtés de la roue dessicante, en utilisant les deux méthodes d'identification (boîte noire et boîte grise). Pour les deux modèles, boîte noire et boîte grise, le coefficient de détermination du modèle global est toujours supérieur à 80%. Cela signifie qu'un modèle linéaire global peut être accepté pour la modélisation de cette roue dessicante, en particulier à des fins de contrôle.

Tableau 4.5. Valeurs des coefficients de déterminations

	Données Expérimentales	R^2 (%) Boîte Noire		R^2 (%) Boîte Grise	
		ω_{go}	T_{go}	ω_{go}	T_{go}
Dessiccation	Local (d_{11}^o, d_{21}^o)	94,89	92,42	93,72	91,56
	Local (d_{12}^o, d_{22}^o)	90,47	88,08	88,00	88,72
	Local (d_{13}^o, d_{23}^o)	90,35	84,64	66,94	83,38
	Global	88,29	88,68	87,16	87,56
Régénération	Local (r_{11}^o, r_{21}^o)	93,20	93,20	92,35	89,23
	Local (r_{12}^o, r_{22}^o)	94,05	90,98	93,64	90,84
	Local (r_{13}^o, r_{23}^o)	96,27	96,02	94,75	88,58
	Global	87,19	85,77	86,13	82,97

On peut remarquer que la précision du modèle de type boîte noire, $0,84 < R^2 < 0,97$, est meilleure que celle du modèle de type boîte grise, $0,82 < R^2 < 0,95$. Néanmoins, il convient de souligner que le modèle de type boîte grise a des paramètres qui varient légèrement entre les différents modèles locaux, tandis que les modèles de type boîte noire ont des paramètres qui diffèrent de manière significative pour chaque domaine local. Cette différence est illustrée dans le Tableau 4.6.

Tableau 4.6. Valeurs des coefficients de détermination pour les modèles locaux (d_{11}^o, d_{21}^o), (r_{11}^o, r_{21}^o)

		R^2 (%) Boîte Noire		R^2 (%) Boîte Grise	
	Données Expérimentales	ω_{go}	T_{go}	ω_{go}	T_{go}
Dessiccation	Local (d_{11}^o, d_{21}^o)	94,89	92,42	93,72	91,56
	Local (d_{12}^o, d_{22}^o)	84,68	77,03	87,86	89,74
	Local (d_{13}^o, d_{23}^o)	63,39	65,17	67,01	83,39
Régénération	Local (r_{11}^o, r_{21}^o)	93,20	93,20	92,35	89,23
	Local (r_{12}^o, r_{22}^o)	76,31	80,23	91,03	88,60
	Local (r_{13}^o, r_{23}^o)	70,65	75,27	90,86	85,02

Considérons par exemple un modèle local pour la dessiccation sur le domaine (d_{11}^o, d_{21}^o) et un modèle local pour la régénération mis au point, par exemple, sur le domaine (r_{11}^o, r_{21}^o).

Le Tableau 4.6 montre le coefficient R^2 obtenu lorsque ces modèles locaux ont été appliqués sur d'autres domaines. De toute évidence, pour la première ligne du Tableau 4.6, les valeurs de R^2 sont les mêmes que dans le Tableau 4.5 (le modèle est testé sur le domaine sur lequel il a été conçu). Lorsque le modèle est testé sur d'autres domaines, le modèle de type boîte grise est plus précis que le modèle de type boîte noire : $0,67 < R^2 < 0,92$, pour le modèle boîte grise, $0,63 < R^2 < 0,85$ pour le modèle boîte noire. Ce résultat est dû au fait que les paramètres du modèle de type boîte grise ont presque les mêmes valeurs pour tous les domaines, tandis que les paramètres du modèle de type boîte noire ont des valeurs très différentes pour chaque domaine.

En pratique, cela constitue un avantage important parce que, généralement, les tests ne peuvent pas être effectués sur l'ensemble du domaine de variation des paramètres. Un modèle local de type boîte grise sera plus fiable qu'un modèle de type boîte noire sur les domaines non utilisés pour l'identification des paramètres.

4.5 Détermination des coefficients de transfert par la méthode boîte grise

Dans cette partie, nous mettons en évidence la possibilité d'utiliser la structure du modèle de type boîte grise pour identifier les coefficients de transfert de masse et de chaleur. On présente ensuite quelques équations de la littérature qui ont été utilisées pour calculer ces coefficients. Enfin, on compare les valeurs calculées à partir du modèle avec les valeurs de la littérature.

4.5.1 Identification des paramètres des coefficients thermiques en utilisant la boîte grise

Nous avons vu dans le chapitre précédent que la représentation d'état de la roue dessicante en fonction du coefficient C_2 a la forme suivante :

$$\begin{bmatrix} \dot{\omega}_s \\ \dot{\omega}_{go} \\ \dot{T}_{go} \\ \dot{T}_s \end{bmatrix} = \begin{bmatrix} k_1 k_3 C_2 & k_1 k_4 C_2 & k_2 k_5 C_2 & k_2 k_6 C_2 \\ C_2 & -(C_1+C_2) & 0 & 0 \\ 0 & 0 & -(C_1+C_2) & C_2 \\ k_1 C_2 C_5 & k_1 C_2 C_5 & k_2 C_2 & k_2 C_2 \end{bmatrix} \begin{bmatrix} \omega_s \\ \omega_{go} \\ T_{go} \\ T_s \end{bmatrix} + \begin{bmatrix} 0 & 0 \\ C_1 & 0 \\ 0 & C_1 \\ 0 & 0 \end{bmatrix} \begin{bmatrix} \omega_{gi} \\ T_{gi} \end{bmatrix} \quad (4.13)$$

Dans l'équation (4.13), la matrice A est en fonction du paramètre variable C_2. Ce paramètre est lié au coefficient de transfert de masse par la relation :

$$h_m = \frac{C_2 \rho_g D_h}{4} \quad (4.14)$$

Le coefficient de transfert thermique est lié au coefficient de transfert de masse :

$$h = h_m c_g \quad (4.15)$$

Le coefficient de transfert convectif est lié au nombre de Nusselt par la relation :

$$Nu = \frac{h\,D_h}{\kappa} \tag{4.16}$$

Nous utilisons le modèle boîte grise, donné par l'équation (4.13), pour identifier le paramètre C_2. Ensuite, nous pouvons calculer le coefficient de transfert de masse, h_m, le coefficient de transfert thermique, h, et le nombre de Nusselt, Nu, pour le côté de la dessiccation et le coté de la régénération de la roue dessicante.

Les Tableau 4.7 et 4.8 présentent les valeurs de ces coefficients et du nombre de Nusselt pour les modèles locaux et les modèles globaux du côté de la dessiccation et du côté de la régénération.

Tableau 4.7. Coefficients de transfert et nombre de Nusselt côté dessiccation

Dessiccation	h_m [kg·m^{-2}·s^{-1}]	h [W·m^{-2}·K^{-1}]	Nu
Local (d_{11}^o, d_{21}^o)	0,046	45,834	2,443
Local (d_{12}^o, d_{22}^o)	0,045	44,906	2,393
Local (d_{13}^o, d_{23}^o)	0,046	46,701	2,489
Global	0,047	47,094	2,510

Tableau 4.8. Coefficients de transfert et le nombre de Nusselt côté régénération

Régénération	h_m [kg·m^{-2}·s^{-1}]	h [W·m^{-2}·K^{-1}]	Nu
Local (r_{11}^o, r_{21}^o)	0,044	43,887	2,339
Local (r_{12}^o, r_{22}^o)	0,046	46,509	2,479
Local (r_{13}^o, r_{23}^o)	0,043	43,724	2,331
Global	0,044	44,095	2,350

En comparant les valeurs des paramètres de ces tableaux, on peut constater que les valeurs du coefficient de transfert de masse, h_m, du coefficient de transfert thermique, h, et le nombre de Nusselt, Nu, varient peu d'un domaine à l'autre, quel que soit le côté de la roue dessicante considéré.

Le Tableau 4.9 présente le domaine de variation des coefficients thermiques et du nombre de Nusselt pour les deux côtés de la roue dessicante et pour toute la roue.

Tableau 4.9. Domaines de variations les coefficients de transfert et nombre de Nusselt

	h_m [kg·m^{-2}·s^{-1}]	h [W·m^{-2}·K^{-1}]	Nu
Dessiccation	0,043 - 0,046	43,724 - 46,509	2,331 – 2,479
Régénération	0,045 - 0,047	44,906 - 47,094	2,393 – 2,510
Toute la roue	0,043 - 0,047	43,724 - 47,094	2,331 2,510

4.5.2 Valeurs théoriques des coefficients de transfert thermique

Dans cette section, nous passerons en revue quelques équations utilisées dans la littérature pour calculer les coefficients d'échange et le nombre de Nusselt. Ensuite, nous calculerons ces coefficients pour la roue dessicante analysée dans ce manuscrit en nous basant sur des valeurs théoriques.

Les équations utilisées pour calculer les coefficients de transfert de masse, h_m, et de transfert thermique, h, sont donnés par :

$$h_m = \frac{h}{Le\, c_g} \qquad (4.17)$$

et :

$$h = \frac{Nu\,\kappa}{D_h} \qquad (4.18)$$

Dans la littérature, plusieurs méthodes sont utilisées pour calculer le nombre de Nusselt, Nu. Nous présentons dans le paragraphe suivant trois méthodes pour calculer le nombre Nusselt pour la roue dessicante :

1. A partir de Nu_T, et Nu_F sous la forme suivante (Narayanan et al. 2011):

$$Nu_T = 1{,}1791\left(1 + 2{,}7701\left(\frac{a}{b}\right) - 3{,}1901\left(\frac{a}{b}\right)^2 + 1{,}9975\left(\frac{a}{b}\right)^3 - 0{,}4966\left(\frac{a}{b}\right)^4\right)$$

$$Nu_F = 1{,}903\left(1 + 0{,}455\left(\frac{a}{b}\right) + 1{,}2111\left(\frac{a}{b}\right)^2 - 1{,}6805\left(\frac{a}{b}\right)^3 + 0{,}7724\left(\frac{a}{b}\right)^4 - 0{,}1228\left(\frac{a}{b}\right)^5\right) \quad (4.19)$$

$$Nu = (Nu_T + Nu_F)/2$$

où Nu_T est le nombre de Nusselt pour un écoulement laminaire pleinement développé, sous les conditions limites d'une température imposée aux parois ;

Nu_F est le nombre de Nusselt pour un écoulement laminaire pleinement développé, sous les conditions limites d'un flux de chaleur imposé aux parois.

2. A partir du nombre de Graetz, Gz, du nombre de Reynolds, Re, et du nombre de Prandtl, Pr, sous la forme suivante (De Antonellis et al. 2010):

$$Nu = Nu_T + \frac{0{,}0841}{0{,}002907 + Gz^{-0{,}6504}}$$

$$Nu_T = 1{,}1791\left(1 + 2{,}7701\left(\frac{a}{b}\right) - 3{,}1901\left(\frac{a}{b}\right)^2 + 1{,}9975\left(\frac{a}{b}\right)^3 - 0{,}4966\left(\frac{a}{b}\right)^4\right)$$

$$D_h = a\left[1{,}0542 - 0{,}4670*\left(\frac{a}{b}\right) - 0{,}1180*\left(\frac{a}{b}\right)^2 + 0{,}1794*\left(\frac{a}{b}\right)^3 - 0{,}0436*\left(\frac{a}{b}\right)^4\right] \quad (4.20)$$

$$Gz = \frac{D_h}{L}Re\,Pr, \quad Re = \frac{UD_h}{\upsilon}$$

où a est l'hauteur du canal, b est la largeur du canal, U est la vitesse de l'air dans le canal et D_h est le diamètre hydraulique du canal.

Pour calculer le nombre de Reynolds, Re, il faut déterminer le nombre de Prandtl, Pr, et la viscosité cinématique, v, en utilisant les tableaux des propriétés de l'air à la pression atmosphérique normale qui dépend de la température de l'air d'entrée dans la roue dessicante.

3. A partir de l'expression qui est proposé par Niu et Zhang (2002) pour déterminer le nombre de Nusselt pour les canaux de type onde sinusoïdale dans les roues hygroscopiques :

$$Nu = -0.2711\left(\frac{a}{b}\right)^2 + 1.018\left(\frac{a}{b}\right) + 1.7045 \quad (4.21)$$

En introduisant les valeurs des caractéristiques techniques de la roue dessicante dans notre étude, selon le fabricant (Tableau 2.1 du Chapitre 2), dans les équations (4.19)-(4.21) on obtient les nombres de Nusselt, le coefficient de transfert de masse, h_m, et le coefficient de transfert thermique, h (Tableau 4.10).

Tableau 4.10. Domaines des valeurs théoriques du nombre de Nusselt

Valeurs théoriques	a [m]	b [m]	Nu	h [W·m^{-2}·K^{-1}]	h_m [kg·m^{-2}·s^{-1}]
Méthode (1)	1.7×10^{-3}	3.6×10^{-3}	2,329	43,752	0,0434
Méthode (2)	1.7×10^{-3}	3.6×10^{-3}	2,147	40,333	0,0400
Méthode (3)	1.7×10^{-3}	3.6×10^{-3}	2,125	39,919	0,0396

4.5.3 Validation des valeurs des coefficients thermique

Le Tableau 4.11 présente la comparaison entre les valeurs des coefficients de transfert et le nombre de Nusselt obtenues par l'identification expérimentale du coefficient C_2 du modèle type boîte grise avec les coefficients calculés en utilisant les équations (4.19)-(4.21).

Tableau 4.11. Domaines de variations les coefficients de transfert et nombre de Nusselt

	Nu	h [$W \cdot m^{-2} \cdot K^{-1}$]	h_m [$kg \cdot m^{-2} \cdot s^{-1}$]
Valeurs théoriques	2,125 – 2,329	39,919 - 43,752	0,0396 - 0,0434
Modèle Boîte grise	2,331 – 2,510	43,724 - 47,094	0,043 - 0,047

Pour les coefficients de transfert thermiques et le nombre de Nusselt, on peut calculer l'erreur relative, Δf, entre les valeurs théoriques et les valeurs moyennes du modèle boîte grise. Le Tableau 4.12 montre que l'erreur relative entre les valeurs théoriques et celles du modèle de type boîte grise est comprise entre 7 % et 10 %. On peut en déduire que la précision du modèle de type boîte grise est acceptable. L'approche d'identification des paramètres en utilisant le modèle boîte grise peut être considérée comme une nouvelle façon de calculer les coefficients de transfert et le nombre de Nusselt.

Tableau 4.12. Erreur relative pour les coefficients de transfert et le nombre de Nusselt entre les valeurs identifiées et les valeurs théoriques

	Nu	h	h_m
Erreur relative (%)	7,77 - 9,69	7,64 - 9,53	8,29 – 8,58

On peut remarquer dans les Tableaux 4.11 et 4.12 que les valeurs des paramètres obtenues par identification en utilisant le modèle boîte grise sont proches des valeurs de la littérature, mais toujours avec des valeurs supérieures aux valeurs obtenues par les corrélations de la littérature. Cette différence n'excède cependant pas 10%.

4.6 Conclusion

Dans ce chapitre, les paramètres du modèle d'état ont été identifiés en utilisant un modèle boîte noire et un modèle boîte grise. Pour l'approche boîte noire, tous les paramètres des modèles locaux ont été identifiés à l'aide de la méthode de minimisation de l'erreur de prédiction basée sur les moindres carrés. Les valeurs des éléments des matrices **A, B** et **C** obtenus pour un modèle de type boîte noire sont arbitraires.

L'identification des paramètres avec l'approche boîte grise a été fondée sur la méthode de Gauss-Newton. Les paramètres obtenus pour chacun des modèles locaux sont très proches, ce qui permet d'obtenir un modèle global pour chaque côté de la roue dessicante.

La validation des modèles boîte noire et boîte grise est faite en comparant les résultats du modèle avec les données expérimentales puis en calculant le coefficient de détermination R^2. Les valeurs de R^2 sont plus grandes que 0,80. La méthode boîte noire a l'avantage de donner de meilleures valeurs du coefficient de la détermination R^2 que la boîte grise. La précision du modèle boîte noire est $0,84 < R^2 < 0,97$ alors que pour la boîte grise elle est $0,82 < R^2 < 0,95$. La méthode de la boîte grise est meilleure quand le modèle est testé sur d'autres domaines que ceux utilisés pour l'identification. Dans ce cas, la précision du modèle boîte grise, $0,67 < R^2 < 0,92$, est meilleure que celle du modèle boîte noire, $0,63 < R^2 < 0,85$.

Avec le modèle d'état de la roue dessicante en fonction du coefficient C_2 on peut calculer le coefficient de transfert de masse, h_m, le coefficient de transfert thermique, h, et le nombre de Nusselt, Nu. La validation des résultats a été menée en comparant les valeurs du modèle avec les valeurs théoriques, qui sont calculées par des relations trouvées dans la littérature. L'erreur relative entre les valeurs que nous avons trouvées et les valeurs calculées en utilisant des relations de la littérature est inférieure à 10%. Cela permet d'adopter la méthode de la modélisation de type boîte grise comme un outil d'estimation expérimentale des coefficients de transfert thermique.

Conclusion générale et perspectives

L'objectif de ce travail était la mise en place d'un modèle d'état aux paramètres identifiables expérimentalement pour la roue dessicante d'une centrale d'air à dessiccation à débit constant. Ce modèle devrait être utilisable ultérieurement à des fins de contrôle avancé d'un système de refroidissement par dessiccation.

La roue dessicante est un des éléments clé d'une centrale de traitement d'air par dessiccation. La roue peut être considérée comme un système multi-entrées multi-sorties (MIMO) avec quatre entrées, à savoir la température de l'air et l'humidité absolue de côté dessiccation et de coté régénération, et quatre sorties à savoir la température de l'air et l'humidité absolue de deux côtés de la roue dessicante.

L'identification expérimentale des paramètres d'un modèle dynamique de la roue nécessite des données soigneusement préparées. Le protocole expérimental a été élaboré en tenant compte de la connaissance des phénomènes physiques liés au transfert de masse et de chaleur dans la roue dessicante. La partie expérimentale a été réalisée au laboratoire LaSIE de l'Université de La Rochelle. Les expérimentations ont visé des variations simultanées de la température et de l'humidité absolue de l'air aux entrées (dessiccation et régénération) de la roue dessicante. Des données expérimentales ont été recueillies dans trois cas de variations de la température et de l'humidité absolue et de chaque côté de la roue.

Pour servir notre but initial d'obtenir un modèle qui sert à la synthèse d'un algorithme de contrôle-commande d'un système de rafraichissement par dessiccation, la représentation d'état a été choisie ; cette formulation est facilement convertible en fonction de transfert. Ainsi, des modèles continus de la roue dessicante sont établis en utilisant le bilan thermique et massique pour les deux côtés de la roue en faisant des hypothèses afin de faciliter la modélisation. Lors de ce travail, l'identification des paramètres des matrices de la représentation d'état A, B, C et D est faite en utilisant deux méthodes basées sur un modèle de type boîte noire et sur un modèle de type boîte grise.

Le système des équations contient des paramètres constants mais aussi des paramètres variables. Nous avons démontré que ces paramètres peuvent être écrits en fonction d'un unique paramètre variable. Les coefficients globaux de transfert de chaleur et de masse et le nombre de Nusselt peuvent être exprimés en fonction de ce coefficient.

La méthode d'identification de type boîte noire donne des modèles avec des paramètres qui ont des valeurs qui sont différentes en fonction du point de fonctionnement autour duquel l'identification a été réalisée. Ces valeurs sont arbitraires et n'ont pas de sens physique. En conséquence, un modèle identifié sur un domaine (c. à d. pour un point de fonctionnement) ne peut pas être utilisé sur un autre domaine (c. à d. pour un autre point de fonctionnement).

Un modèle de type boîte grise, provenant d'équations de bilan, n'a pas ce désavantage. Les paramètres identifiés autour d'un point de fonctionnement ont des valeurs très similaires aux paramètres identifiés autour d'autres points de fonctionnement (c. à d. sur un autre domaine). L'avantage du modèle boîte grise est donc qu'un modèle identifié pour un point de fonctionnement peut être utilisé pour tout le domaine de variation des entrées. Ainsi, en comparant le modèle de type boîte grise avec les valeurs expérimentales obtenues pour la roue dessicante, on trouve un bon accord dans un grand domaine de variation des paramètres du système.

Le critère utilisé pour la validation des méthodes d'identification des paramètres de type boîte noire et boîte grise a été le coefficient de détermination R^2. Les valeurs de R^2 sont supérieures à 0,80 pour les deux méthodes. Toutefois, le modèle boîte grise est meilleur dans la validation croisée, c'est à dire quand il est testé avec des données qui n'ont pas été utilisées pour l'identification des paramètres. Cette différence est due au fait que les paramètres des modèles boîte grise ont à peu près les mêmes valeurs pour chaque ensemble de données utilisées pour l'identification, tandis que les paramètres des modèles boîte noire ont des valeurs qui diffèrent pour chaque modèle local. Ce fait montre l'importance d'utiliser la méthode boîte grise, pour avoir des résultats acceptables de l'application d'un modèle local sur les autres modèles locaux de chaque côté de la roue dessicante, entraînant la possibilité d'obtenir des modèles globaux qui sont appropriés à l'utilisation dans les algorithmes de contrôle-commande.

Un modèle dynamique est écrit en utilisant les équations de bilan d'énergie et de masse de la roue dessicante dans une représentation d'état. Le système d'équation contient certains paramètres constants mais aussi des paramètres variables ; ces paramètres sont écrits en fonction d'un seul paramètre variable C_2 qui est un paramètre qui reflète implicitement des coefficients tels que le coefficient de transfert de masse et le coefficient de transfert thermique. La valeur du paramètre variable C_2 est estimée à partir des données expérimentales, ce qui permet de déterminer les domaines de variation du coefficient de transfert thermique. Cette étude démontre la possibilité d'utiliser la méthode boîte grise pour identifier les coefficients globaux de transfert de chaleur et de masse et le nombre de Nusselt avec une bonne concordance par rapport à des valeurs calculées en utilisant des formules données dans la littérature.

Ce travail montre que les paramètres des modèles boîte grise en représentation d'état peuvent être obtenus par identification expérimentale avec une précision suffisante pour le but de contrôle. Ensuite, il indique comment on peut utiliser la méthode boîte grise pour estimer des paramètres du processus physique à partir des paramètres identifiés, comme le coefficient de transfert de chaleur et de masse et le nombre de Nusselt.

Une stratégie de contrôle-commande de la roue dessicante pourrait être développée avec des modèles identifiés par la méthode utilisée lors de cette étude.

Dans cette étude, nous nous sommes limités au cas d'une centrale de traitement d'air à dessiccation à débit d'air constant ; pour plus d'économie d'énergie, une centrale de traitement d'air à dessiccation à débit d'air variable pourrait être développée. Il nous semble donc intéressant d'appréhender la modélisation et le contrôle de ce type de système par l'approche que nous proposons ; le débit d'air sera alors pris comme une variable dans les modèles.

Pour améliorer ce travail, nous pouvons utiliser la méthode boîte grise (modèle, identification) dans la procédure de paramétrage du régulateur, pour le contrôle à modèle prédictif, et pour la détection et le diagnostic de défauts.

Références bibliographiques

Abou-Khamis, K. (2000), *Analysis and design of desiccant cooling systems.* Department of Mechanical Engineering Youngstown State University, USA.

Andersson, JV and Lindholm, T. (2001), *Desiccant cooling for Swedish office buildings.* Transactions-American Society of Heating Refrigerating and Air Conditioning Engineers, 107 (1), 490-500.

Bequette, B.W. (2003), *Process control: modeling, design, and simulation* (Prentice Hall).

Brosilow, C. and Joseph, B. (2002), *Techniques of model-based control* (Prentice Hall PTR).

Banks, P.J., Close, D.J., and Maclaine-Cross, I.L. (1970), *Coupled heat and mass transfer in fluid flow through porous media an analogy with heat transfer.* 4th International Heat Transfer Conference. Elsevier, Publishing Co (VII).

Banks, PJ (1985), *Prediction of heat and mass regenerator performance using nonlinear analogy method: Part 1—Basis.* Journal of heat transfer, 107, 222-29.

Brunauer, S. (1943), *The adsorption of gases and vapors.* vol. 1; Physical adsorption, Oxford.

Behne, M. (1997), *Alternatives to compressive cooling in non-residential buildings to reduce primary energy consumption.* Final report, Lawrence Berkeley National Laboratory, Berkeley, California.

Beccali, M., et al. (2002), 'Performance evaluation of rotary dessicant wheels using a simplified psychometirc model as design tool'.

Balaras, C.A., et al. (2007), *Solar air conditioning in Europe-an overvie.* Renewable and sustainable energy reviews, 11 (2), 299-314.

Bourdoukan, P. (2008), *Etude numéruqie et expérimentale destinée à l'exploitation des techniques de rafraîchissement par dessiccation avec régénération par énergie solaire.* Thèse de doctorat Université de La Rochelle, France.

Bourdoukan, P., Wurtz, E., and Joubert, P. (2010), *Comparison between the conventional and recirculation modes in desiccant cooling cycles and deriving critical efficiencies of components,* Energy, 35 (2), 1057-67.

Cal, M.P. (1995), *Characterization of gas phase adsorption capacity of untreated and chemically treated activated carbon cloths.* University of Illinois.

Camargo, JR, Ebinuma, CD, and Silveira, J.L. (2003), *Thermoeconomic analysis of an evaporative desiccant air conditioning system.* Applied thermal engineering, 23 (12), 1537-1549.

Casas, W. and Schmitz, G. (2005), *Experiences with a gas driven, desiccant assisted air conditioning system with geothermal energy for an office building.* Energy and buildings, 37 (5), 493-501.

Cejudo, JM, Moreno, R., and Carrillo, A. (2002), *Physical and neural network models of a silica-gel desiccant wheel.* Energy and buildings, 34 (8), 837-844.

Charoensupaya, D. and Worek, W.M. (1988), *Parametric study of an open-cycle adiabatic, solid, desiccant cooling system.* Energy, 13 (9), 739-747.

Chicinas, A. (2006), *Modélisation, identification et contrôle: application à la commande des centrales de traitement d'air.* Thèse de doctorat Université de La Rochelle, France.

Collier Jr, RK (1997), *Desiccant dehumidification and cooling systems assessment and analysis.* Pacific Northwest Lab., Richland, WA (United States).

Cui, Q., et al. (2005), *Performance study of new adsorbent for solid desiccant cooling.* Energy, 30 (2), 273-279.

Dai, YJ, Wang, RZ, and Zhang, HF (2001), *Parameter analysis to improve rotary desiccant dehumidification using a mathematical model.* International journal of thermal sciences, 40 (4), 400-408.

Daou, K., Wang, RZ, and Xia, ZZ (2006), *Desiccant cooling air conditioning: a review.* Renewable and Sustainable Energy Reviews, 10 (2), 55-77.

Davanagere, B., Sherif, S., and Goswami, D. (1999), *A feasibility study of a solar desiccant air-conditioning system-part2:transient simulation and economics.* International Journal of Energy Research, 23, 103-116.

De Antonellis, S., Joppolo, C.M., and Molinaroli, L. (2010), *Simulation, performance analysis and optimization of desiccant wheels.* Energy and Buildings, 42 (9), 1386-1393.

Dorf, R.C. and Bishop, R.H. (1998), *Modern Control Systems: Solutions Manual* Addison-Wesley, USA.

Dunkle, RV (1965), *Method of solar air conditioning.* Inst. Engrs., Australia, Mech. and Chem. Eng. Trans.

G. Steich (1994), *Performance of rotary enthalpy exchangers,* Ph.D. Thesis, University of Wisconsin-Madison, United States.

Ginestet, S., et al. (2002), *Control Strategies of open cycle desiccant cooling systems minimising energy consumption.* Proceedings of the Esim Conference. Montréal, Canada.

Ginestet, S. (2005), *Simulation dynamique de système de climatisation pour l'étude des régulations,* Thèse de doctorat Ecole des Mines de Paris, France.

Ghaddar, P.N., et al. (2005), 'Final Report on Renewable Energies Technologies Contribution and Barriers to Poverty Alleviation in Jordan, Syria, and Lebanon'.

Handbook, Fundamantals. (1997), *American society of heating, refrigerating and air-conditioning engineers.* Atlanta, United States.

Heidarinejad, G. and Pasdarshahri, H. (2010), *The effects of operational conditions of the desiccant wheel on the performance of desiccant cooling cycles.* Energy and Buildings, 42 (12), 2416-2423.

Heidarinejad, G., Pasdar Shahri, H., and Delfani, S. (2008), *The effect of geometrical characteristics of desiccant wheel on its performance.* International journal of engineering, 22 (1), 63-75.

Henning, H.M, et al. (2001), *The potential of solar energy use in desiccant cooling cycles*. International journal of refrigeration, 24 (3), 220-229.

Henning, H.M, (2004), *Solar Assisted Air Conditioning in Buildings–A Handbook for Planners*. Vienne : Springer Vienna, p120.

Henning, H.M. (2007), *Solar assisted air conditioning of buildings–an overview*. Applied Thermal Engineering, 27 (10), 1734-1749.

Huang, W.Z., Zaheeruddin, M., and Cho, SH (2006), *Dynamic simulation of energy management control functions for HVAC systems in buildings*. Energy Conversion and Management, 47 (7), 926-943.

Niu J.L, and Zhang L.Z, (2002), *Performance comparisons of desiccant wheels for air dehumidification and enthalpy recovery*. Applied Thermal Engineering, 22, 1347–1367.

Jain, S. and Bansal, PK (2007), *Performance analysis of liquid desiccant dehumidification systems*. International journal of refrigeration, 30 (5), 861-872.

Jain, S., Dhar, PL, and Kaushik, SC (1995), *Evaluation of solid-desiccant-based evaporative cooling cycles for typical hot and humid climates*. International journal of refrigeration, 18 (5), 287-296.

Jain, S., Dhar, PL, and Kaushik, SC (2000), *Optimal design of liquid desiccant cooling systems*. Indian Inst. of Tech., Hauz Khas, New Delhi (IN), 79-86.

Jeong, J.W. and Mumma, S.A. (2005), *Practical thermal performance correlations for molecular sieve and silica gel loaded enthalpy wheels*. Applied thermal engineering, 25 (5), 719-740.

Joudi, K.A. and Dhaidan, N.S. (2001), *Application of solar assisted heating and desiccant cooling systems for a domestic building*. Energy conversion and management, 42 (8), 995-1022.

Jurinak, J. J. and Banks, P.J. (1982), *A numerical evaluation of two analogy solutions for a rotary silica gel dehumidifier*. Heat Transfer in Porous Media, 22, 57-68.

Jurinak, J. J. (1982), *Open cycle solid desiccant cooling component models and system simulations,* Ph.D. Thesis University of Wisconsin-Madison, United States.

Jurinak, J. J, Mitchell, JW, and Beckman, WA (1984), *Open-cycle desiccant air conditioning as an alternative to vapor compression cooling in residential applications.* Journal of solar energy engineering, 106, 252.

Kanoğlu, M., Özdinç Çarpınlıoğlu, M., and Yıldırım, M. (2004), *Energy and exergy analyses of an experimental open-cycle desiccant cooling system.* Applied Thermal Engineering, 24 (5), 919-932.

Kodama, A., et al. (2003), *Process configurations and their performance estimations of an adsorptive desiccant cooling cycle for use in a damp climate.* Journal of chemical engineering of Japan, 36 (7), 819-826.

Landau, I.D. (1990), *System identification and control design: using PIM+ software* Prentice Hall.

Landau, ID (1998), *The RST digital controller design and applications.* Control Engineering Practice, 6 (2), 155-65.

Lindholm, T. (2000), 'Evaporative and Desiccant Cooling Techniques Feasibility When Applied to Air Conditioning'.

Ljung, L. (1988), *System identification toolbox.* The Matlab user's guide.

Ljung, L. (1999), *System identification.* Wiley Online Library.

Maalouf, C. (2006), *Etude du potentiel de rafraîchissement d'un système évaportaif à désorption avec régénération solaire,* Thèse de doctorat Université de La Rochelle, France.

Maclaine-Cross, IL (1974), *A theory of combined heat and mass transfer in regenerators.* Ph.D. Thesis, Monash University.

Maclaine-Cross, IL and Banks, PJ (1972), *Coupled heat and mass transfer in regenerators--Prediction using an analogy with heat transfer.* International Journal of Heat and Mass Transfer, 15 (6), 1225-1242.

Markovsky, I., et al. (2005), *Application of structured total least squares for system identification and model reduction.* Automatic Control, IEEE Transactions on, 50 (10), 1490-1500.

Mathiprakasam, B. and Lavan, Z. (1980), *Performance predictions for adiabatic desiccant dehumidifiers using linear solutions.* Journal of Solar Energy Engineering, 102, 73.

Murray, M., et al. (2009), *Live Energy TRNSYS–TRNSYS Simulation within Google Sketchup.* Eleventh International IBPSA (Citeseer), 1389 -1396.

Narayanan, R., et al. (2011), *Comparative study of different desiccant wheel designs.* Applied Thermal Engineering, 31, 1613-1620.

Nia, F.E. (2011), *Sustainable Air Handling by Evaporation and Adsorption* PhD of Sharif University of Technology: Tehran, Iran.

Niu, JL and Zhang, LZ (2002), *Heat transfer and friction coefficients in corrugated ducts confined by sinusoidal and arc curves.* International journal of heat and mass transfer, 45 (3), 571-578.

Pahlavanzadeh, H. and Zamzamian, A. (2006), *A Mathematical Model for a Fixed Desiccant Bed Dehumidifier Concerning Ackermann Correction Factor.* Iranian Journal of Science & Technology, Transaction B, Engineering, 30 (B3), 353-362.

Parmar, H. and Hindoliya, DA (2011), *Desiccant Cooling System for Thermal Comfort: A Review.* International Journal of Engineering Science, 3.

Parrilo, P. and Ljung, L. (2003), *Initialization of physical parameter estimates.* 1524-1529.

Parsons, BK, et al. (1990), *Improving gas-fired heat pump capacity and performance by adding a desiccant dehumidification subsystem.*

Petrausch, S. and Rabenstein, R. (2005), *Highly efficient simulation and visualization of acoustic wave fields with the functional transformation method.* Simulation and Visualization (SimVis), Magdeburg, Germany, 279-90.

Pons, M. and Kodama, A. (2000), *Entropic analysis of adsorption open cycles for air conditioning. Part 1: first and second law analyses.* International journal of energy research, 24 (3), 251-262.

Porwal, A. and Vyas, V. (2009-2010), *Internal model control (IMC) and IMC based PID controller.* Ph.D. Thesis of Department of Electronics & Communication Engineering, Rourkela.

Qurdab, M. (1991), 'Impact of renewable energy on environmental development in Syria', *Agriculture and Water*.

Qingchang, R. (1990), *Prediction error method for identification of a heat exchanger.* Eindhoven: Eindhoven University of Technology, Faculty of Electrical Engineering.

Romero, JA, Navarro-Esbrí, J., and Belman-Flores, JM (2011), *A simplified black-box model oriented to chilled water temperature control in a variable speed vapour compression system.* Applied Thermal Engineering, 31 (2), 329-335.

Sando, T., et al. (2005), *Advantages and disadvantages of different crash modeling techniques.* Journal of Safety Research, 36 (5), 485-487.

Schmid, C. (2005), *Course on dynamics of multidisplicinary and controlled systems.* Ruhr-Universität Bochum.

Sheng, G., Xu, S., and Boyd, S.A. (1997), *Surface heterogeneity of trimethylphenylammonium-smectite as revealed by adsorption of aromatic hydrocarbons from water.* Clays and clay minerals, 45 (5), 659-669.

Sing, KSW, et al. (1985), *Reporting physisorption data for gas/solid systems.* Pure Appl. Chem, 57 (4), 603-619.

Smith, RR, Hwang, CC, and Dougall, RS (1994), *Modeling of a solar-assisted desiccant air conditioner for a residential building.* Energy, 19 (6), 679-691.

Stabat, P. (2003), *Modélisation de composants de systèmes de climatisation mettant en oeuvre l'adsorption et l'évaporation d'eau, Thèse de doctorat* Ecole des Mines, Paris. France.

Staton, J.A.C. (1998), *Heat and mass transfer characteristics of desiccant polymers.* Virginia Polytechnic Institute and State University, USA.

Subramanyam, N., Maiya, MP, and Murthy, S.S. (2004), *Application of desiccant wheel to control humidity in air-conditioning systems.* Applied thermal engineering, 24 (17), 2777-2788.

Takagi, T. and Sugeno, M. (1985), *Fuzzy identification of system and its applications to modelling and control.* IEEE Trans. Syst., Man, and Cyber, 15, 116-132.

Tashtoush, B., Molhim, M., and Al-Rousan, M. (2005), *Dynamic model of an HVAC system for control analysis.* Energy, 30 (10), 1729-1745.

Tu, J.V. (1996), *Advantages and disadvantages of using artificial neural networks versus logistic regression for predicting medical outcomes.* Journal of clinical epidemiology, 49 (11), 1225-1231.

Van Zyl, et al. (2003), *Desiccants the future.* Cibse/Ashrae Conference. Royaume-Uni.

Verdult, V. (2002), *Non linear system identification: a state-space approach.* Delft University of Technology.The Netherlands. Twente University Press.

Vitte, T. (2007) *Le froid solaire par dessiccation appliqué au bâtiment : Proposition d'une stratégie de régulation du système,* Thèse de doctorat. Centre de Thermique de Lyon.

Wang, S. and Xiao, F. (2004), *Detection and diagnosis of AHU sensor faults using principal component analysis method.* Energy Conversion and Management, 45 (17), 2667-2686.

Wernholt, E. (2004), *On multivariable and nonlinear identification of industrial robots.* Division of Automatic Control and Communication Systems, Department of Electrical Engineering, Linköping University.

Zhang X.J. and Dai Y.J., Wang R.Z. (2003), *A simulation study of heat and mass transfer in a honeycombed rotary desiccant dehumidifier.* Applied Thermal Engineering, 23, 989-1003.

Zhang, L.Z. and Niu, J.L. (2002), *Performance comparisons of desiccant wheels for air dehumidification and enthalpy recovery*. Applied Thermal Engineering, 22 (12), 1347-1367.

Zhang, XJ, Dai, YJ, and Wang, RZ (2003), *A simulation study of heat and mass transfer in a honeycombed rotary desiccant dehumidifier*. Applied Thermal Engineering, 23 (8), 989-1003.

Zhang, XJ, et al. (2005), *Parametric study on the silica gel–calcium chloride composite desiccant rotary wheel employing fractal BET adsorption isotherm*. International journal of energy research, 29 (1), 37-51.

Annexes

Annexe 1. Variation temporelle de la température et de l'humidité absolue de l'entrée et de la sortie de modèles locaux sur la partition de régénération

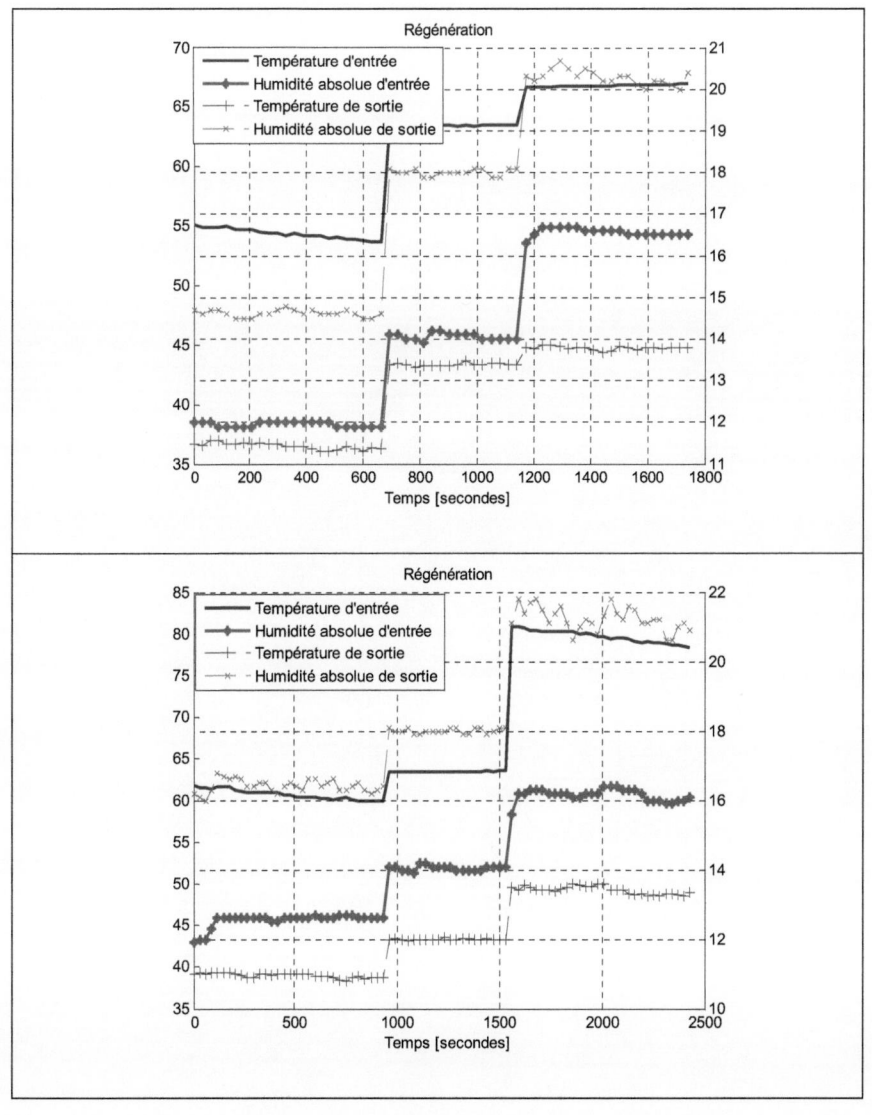

Annexe 2. Variation temporelle de la température et de l'humidité absolue de l'entrée et de la sortie de modèles locaux sur la partition de dessiccation

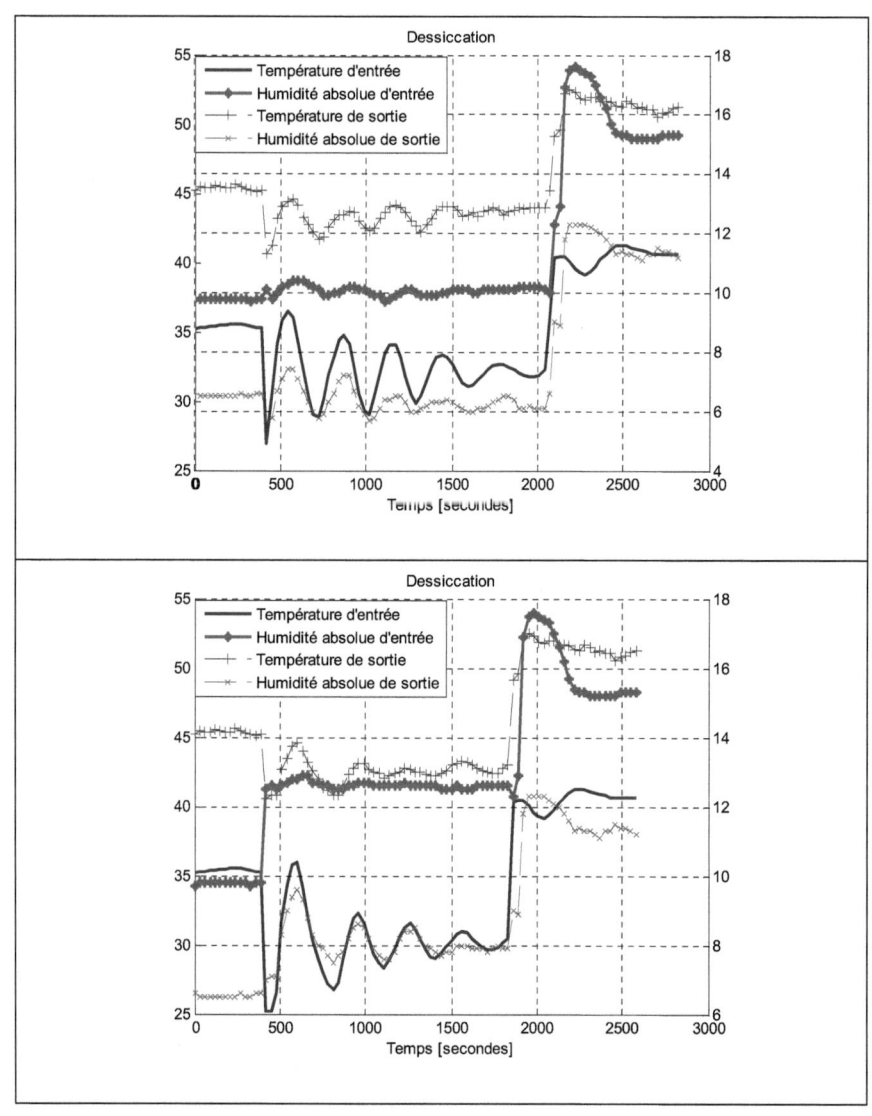

Annexe 3. Valeurs des paramètres identifiés en utilisant la méthode de la boîte noire pour les modèles locaux et modèle global pour le côté dessiccation

Valeurs des paramètres identifiés en utilisant la méthode de la boîte noire pour le modèle local
$$\left(d_{11}^o, d_{21}^o\right)$$

$A = \begin{bmatrix} 10,875\times10^{-1} & -0,461\times10^{-1} & 0,924\times10^{-1} & -1,097\times10^{-1} \\ -1,468\times10^{-1} & 9,635\times10^{-1} & -0,379\times10^{-1} & 1,894\times10^{-1} \\ 1,878\times10^{-1} & -1,854\times10^{-1} & -5,008\times10^{-1} & -0,342\times10^{-1} \\ 1,443\times10^{-1} & -3,362\times10^{-1} & -2,657\times10^{-1} & 0,646\times10^{-1} \end{bmatrix}$	$B = \begin{bmatrix} 0,345 & 0,065 \\ -1,569 & -0,477 \\ -7,625 & -2,481 \\ -2,010 & -0,625 \end{bmatrix}$
$C = \begin{bmatrix} 2,677 & 0,716 & -0,279 & 0,239 \\ -1,228 & -0,756 & -0,147 & -0,029 \end{bmatrix}$	$D = \begin{bmatrix} 0 & 0 \\ 0 & 0 \end{bmatrix}$

Valeurs des paramètres identifiés en utilisant la méthode de la boîte noire pour le modèle local
$$\left(d_{12}^o, d_{22}^o\right)$$

$A = \begin{bmatrix} 9,595\times10^{-1} & 0,668\times10^{-1} & 0,429\times10^{-1} & 1,967\times10^{-1} \\ 2,677\times10^{-1} & 6,448\times10^{-1} & -1,072\times10^{-1} & 2,855\times10^{-1} \\ -6,773\times10^{-1} & 0,309\times10^{-1} & -1,548\times10^{-1} & 7,778\times10^{-1} \\ 3,362\times10^{-1} & -1,325\times10^{-1} & -0,486\times10^{-1} & 0,909\times10^{-1} \end{bmatrix}$	$B = \begin{bmatrix} -0,043 & 0,018 \\ -0,401 & -0,174 \\ -2,616 & -0,935 \\ 0,462 & 0,072 \end{bmatrix}$
$C = \begin{bmatrix} -1,746 & 0,337 & -0,231 & -0,015 \\ 6,641 & 1,536 & -0,717 & 1,271 \end{bmatrix}$	$D = \begin{bmatrix} 0 & 0 \\ 0 & 0 \end{bmatrix}$

Valeurs des paramètres du modèle d'état global identifiés en utilisant la méthode de la boîte noire pour le domaine $\left(d_{12}^o : d_{23}^o\right)$ du côté dessiccation

$A = \begin{bmatrix} 9,859\times10^{-1} & -0,361\times10^{-1} & -0,422\times10^{-1} & 0,628\times10^{-1} \\ 0,059\times10^{-1} & 8,450\times10^{-1} & -0,339\times10^{-1} & 0,248\times10^{-1} \\ -0,068\times10^{-1} & -1,806\times10^{-1} & 3,104\times10^{-1} & -5,346\times10^{-1} \\ -0,318\times10^{-1} & 1,961\times10^{-1} & -5,185\times10^{-1} & -1,093\times10^{-1} \end{bmatrix}$	$B = \begin{bmatrix} -0,091 & -0,043 \\ 0,031 & 0,087 \\ 3,516 & 1,546 \\ 4,885 & 2,171 \end{bmatrix}$
$C = \begin{bmatrix} 8,199 & 1,104 & 0,766 & -0,389 \\ -3,167 & 1,048 & 0,148 & -0,241 \end{bmatrix}$	$D = \begin{bmatrix} 0 & 0 \\ 0 & 0 \end{bmatrix}$

Annexe 4. Valeurs des paramètres identifiés en utilisant la méthode de la boîte noire pour les modèles locaux et modèle global pour le côté régénération

Valeurs des paramètres identifiés en utilisant la méthode de la boîte noire pour le modèle local $\left(r_{11}^o, r_{21}^o\right)$

$$A = \begin{bmatrix} 10,22\times10^{-1} & -0,806\times10^{-1} & 0,541\times10^{-1} & -1,468\times10^{-1} \\ 1,639\times10^{-1} & 4,606\times10^{-1} & 3,722\times10^{-1} & 2,336\times10^{-1} \\ 0,311\times10^{-1} & -8,135\times10^{-1} & 3,206\times10^{-1} & 0,871\times10^{-1} \\ 1,098\times10^{-1} & 1,107\times10^{-1} & 0,467\times10^{-1} & -6,890\times10^{-1} \end{bmatrix} \qquad B = \begin{bmatrix} -1,067\times10^{-1} & 0,266 \\ 7,859\times10^{-1} & -0,697 \\ -8,527\times10^{-1} & 0,218 \\ -1,068 & 3,305 \end{bmatrix}$$

$$C = \begin{bmatrix} 1,975 & -0,0194 & -0,594 & -0,0547 \\ 1,733 & 0,119 & 0,174 & 0,101 \end{bmatrix} \qquad D = \begin{bmatrix} 0 & 0 \\ 0 & 0 \end{bmatrix}$$

Valeurs des paramètres identifiés en utilisant la méthode de la boîte noire pour le modèle local $\left(r_{13}^o, r_{23}^o\right)$

$$A = \begin{bmatrix} 1,722\times10^{-1} & -2,017\times10^{-1} & 0,363\times10^{-1} & 3,101\times10^{-1} \\ -0,648\times10^{-1} & 9,803\times10^{-1} & 4,441\times10^{-1} & 1,881\times10^{-1} \\ 3,349\times10^{-1} & -3,418\times10^{-1} & 7,734\times10^{-1} & -2,372\times10^{-1} \\ 5,062\times10^{-1} & 0,119\times10^{-1} & 2,629\times10^{-1} & -0,987\times10^{-1} \end{bmatrix} \qquad B = \begin{bmatrix} -1,097 & -0,170 \\ -0,290 & -0,073 \\ 0,283 & 0,114 \\ 0,131 & 0,307 \end{bmatrix}$$

$$C = \begin{bmatrix} -0,347 & -0,347 & 0,654 & -0,043 \\ -1,561 & -2,295 & -0,337 & -0,838 \end{bmatrix} \qquad D = \begin{bmatrix} 0 & 0 \\ 0 & 0 \end{bmatrix}$$

Valeurs des paramètres du modèle d'état global identifiés en utilisant la méthode de la boîte noire pour le domaine $\left(r_{11}^o : r_{23}^o\right)$ du côté régénération

$$A = \begin{bmatrix} 9,741\times10^{-1} & -0,314\times10^{-1} & -1,013\times10^{-1} & 0,589\times10^{-1} \\ 0,471\times10^{-1} & 8,775\times10^{-1} & -3,241\times10^{-1} & 0,755\times10^{-1} \\ 1,124\times10^{-1} & -0,626\times10^{-1} & -1,211\times10^{-1} & -0,649\times10^{-1} \\ -0,116\times10^{-1} & 0,688\times10^{-1} & 9,564\times10^{-1} & 2,483\times10^{-1} \end{bmatrix} \qquad B = \begin{bmatrix} 0,082\times10^{-1} & -0,0542\times10^{-1} \\ -0,453\times10^{-1} & -0,072\times10^{-1} \\ 1,679\times10^{-1} & -0,454\times10^{-1} \\ 2,635\times10^{-1} & -0,091\times10^{-1} \end{bmatrix}$$

$$C = \begin{bmatrix} 2,156 & -4,366 & -0,151 & 0,918 \\ -1,375 & -4,358 & 0,238 & -1,188 \end{bmatrix} \qquad D = \begin{bmatrix} 0 & 0 \\ 0 & 0 \end{bmatrix}$$

Annexe 5. Comparaison entre résultats expérimentaux et prédictions du modèle pour : a) boîte noire b) boîte grise pour un modèle local, côté dessiccation indiqué dans la Figure 2.13

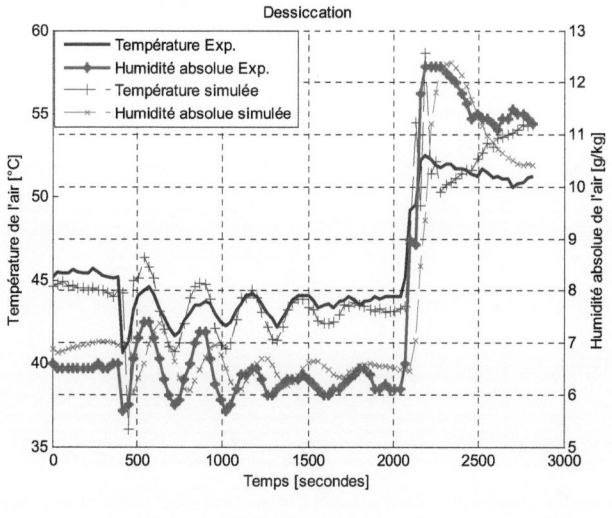

(a)

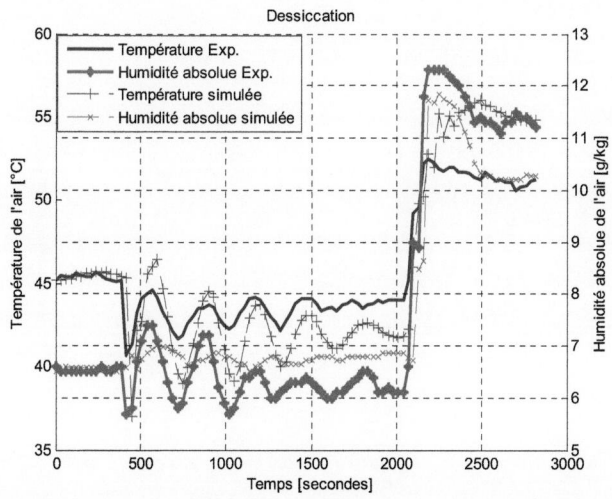

(b)

Annexe 6. Comparaison entre résultats expérimentaux et prédictions du modèle pour : a) boîte noire b) boîte grise pour un modèle local, côté dessiccation indiqué dans la Figure 2.13

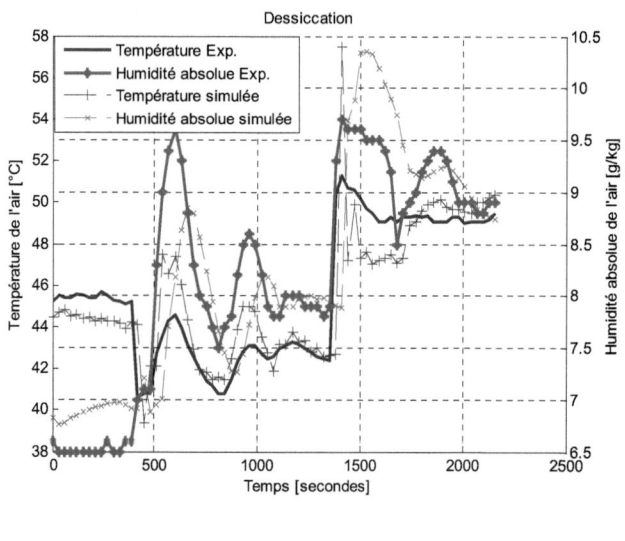

(a)

(b)

Annexe 7. Comparaison entre résultats expérimentaux et prédictions du modèle pour : a) boîte noire b) boîte grise pour un modèle local, côté régénération indiqué dans la Figure 2.13

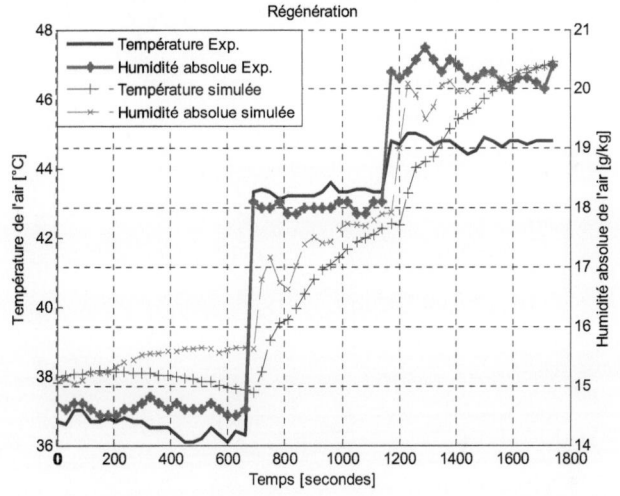

(a)

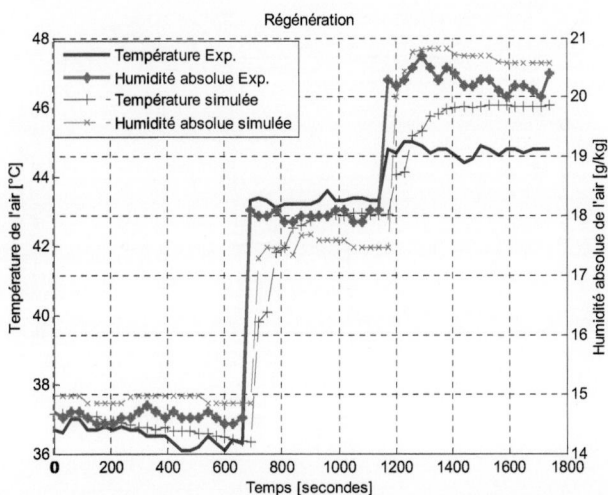

(b)

Annexe 8. Comparaison entre résultats expérimentaux et prédictions du modèle pour : a) boîte noire b) boîte grise pour un modèle local, côté régénération indiqué dans la Figure 2.13

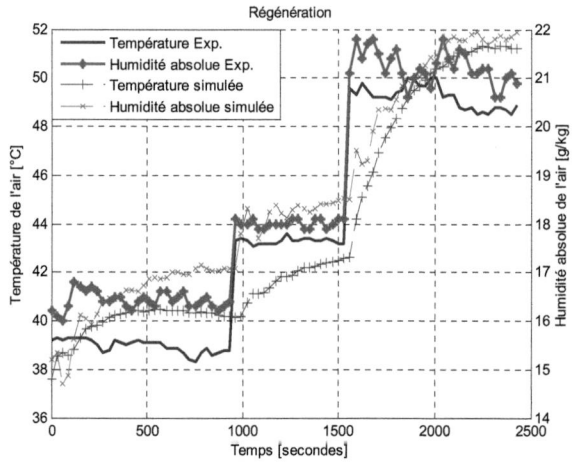

(a)

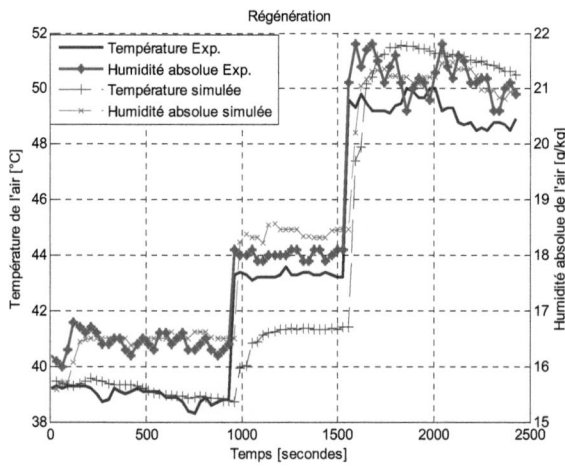

(b)

I want morebooks!

Buy your books fast and straightforward online - at one of the world's fastest growing online book stores! Environmentally sound due to Print-on-Demand technologies.

Buy your books online at

www.get-morebooks.com

Achetez vos livres en ligne, vite et bien, sur l'une des librairies en ligne les plus performantes au monde!
En protégeant nos ressources et notre environnement grâce à l'impression à la demande.

La librairie en ligne pour acheter plus vite

www.morebooks.fr

OmniScriptum Marketing DEU GmbH
Heinrich-Böcking-Str. 6-8
D - 66121 Saarbrücken   Telefax: +49 681 93 81 567-9

info@omniscriptum.de
www.omniscriptum.de

Printed by Books on Demand GmbH, Norderstedt / Germany